Anthony Egeru

Suportes de subsistência e procura de madeira combustível

Anthony Egeru

Suportes de subsistência e procura de madeira combustível

O cultivo de subsistência e a dependência da madeira como combustível uma situação de reféns no sub-condado de Olio. O que se segue?

Imprint

Any brand names and product names mentioned in this book are subject to trademark, brand or patent protection and are trademarks or registered trademarks of their respective holders. The use of brand names, product names, common names, trade names, product descriptions etc. even without a particular marking in this work is in no way to be construed to mean that such names may be regarded as unrestricted in respect of trademark and brand protection legislation and could thus be used by anyone.

Cover image: www.ingimage.com

This book is a translation from the original published under ISBN 978-3-8443-1808-1.

Publisher:
Sciencia Scripts
is a trademark of
Dodo Books Indian Ocean Ltd. and OmniScriptum S.R.L publishing group

120 High Road, East Finchley, London, N2 9ED, United Kingdom
Str. Armeneasca 28/1, office 1, Chisinau MD-2012, Republic of Moldova, Europe
Printed at: see last page
ISBN: 978-620-2-92761-1

Reconhecimento

Este trabalho representa um ponto de chegada, uma vez que todas as viagens começam com um passo inicial, comecei a viagem em 2007 e agora estamos em 2009, viajei através das lentes académicas para chegar. Estou muito grato a uma série de pessoas cujo enorme contributo me permitiu chegar até aqui. À minha família, Patrick Okello, do Gabinete de Estatística do Uganda, e à sua mulher Joyce Akur Okello, do Hospital Mulago, as vossas atitudes estimulantes e o vosso desejo de conhecimento foram um alfinete nos meus pés para alcançar mais como vocês. Também me ajudaram nos momentos de maior necessidade. Entretanto, não posso substituir a coragem dada pela minha mãe para prosseguir os estudos.

Reconheço a contribuição do Fórum da Universidade Regional para o Reforço de Capacidades na Agricultura (RUFORUM) e do Projeto de Inovação Agrícola nas Terras Secas de África (AIDA), que financiaram o processo de investigação. Notavelmente, gostaria também de estender o meu apreço ao Professor Associado Majaliwa Mwanjalolo Jackson Gilbert e ao Dr. Eseza Kateregga pela sua paciência, orientação, inspiração e experiência que me permitiram concluir este trabalho a tempo.

O meu primeiro empregador, o Dr. Dalton Elijah Segawa da Merryland High School Entebbe, que me deu a oportunidade de começar os meus estudos enquanto continuava no ativo como professor. Um agradecimento especial aos amigos e colegas: Mubangizi Arthur, Jalameso Fred e Barasa Bernard pelo seu apoio moral, financeiro e social. À Sra. Birabwa Aida pelos serviços editoriais prestados.

Muito obrigado (*eyalamanoi*).

Índice

Acrónimos

DSER	District State of Environment Report
FAO	Food and Agricultural Organization of the United Nations
FD	Forest Department
GoU	Government of Uganda.
IAR4D	Integrated Agricultural Research for Development
ILWIS	Integrated Land and Water Information Systems
MFPD	Ministry of Finance, Planning and Development.
MFPED	Ministry of Finance, Planning and Economic Development
MPND	Ministry of Planning and Development, Kenya
MNR	Ministry Of Natural Resources
MW	Megawatts
NAADS	National Agricultural Advisory Services
NEMA	National Environment Management Authority
UNDP	United Nations Development Program
UNHS	Uganda National Household Survey
UN	United Nations
WIR	World Resource Institute
PEAP	Poverty Eradication Action Plan
PRDP	Peace and Recovery Development Programme.
ProBEC	Program for Biomass Energy Conservation.

Resumo

A lenha é a principal fonte de energia doméstica nas zonas rurais do Uganda. No entanto, face à pressão populacional, à desflorestação e ao aumento das culturas de subsistência, as reservas de lenha estão a esgotar-se rapidamente. Este estudo, por conseguinte, investigou os factores determinantes da procura de lenha, estimou a elasticidade dos factores determinantes, determinou as mudanças na utilização/cobertura do solo e na dinâmica da biomassa e documentou as estratégias domésticas de resposta à energia. A informação sobre a lenha foi obtida através de questionários estruturados e discussões em grupos de discussão (FGDs). A elasticidade dos determinantes da procura de lenha foi estabelecida através de uma regressão log-linear, enquanto a alteração do uso/cobertura do solo foi avaliada através de uma análise de séries temporais de imagens Landsat (1973, 1986 e 2001) no ILWIS 3.3 Academic. Os resultados indicam que 99% dos agregados familiares utilizavam lenha para cozinhar e conservar os seus alimentos, com um consumo per capita de 542,3 kg. Os principais factores determinantes da procura de lenha incluem: a dimensão do agregado familiar, o preço da lenha, as despesas com carvão vegetal, a distância percorrida para recolher lenha, as despesas do agregado familiar com alimentos por semana e a recolha de lenha por mulheres adultas ($P<0,05$). Isto reflecte que tanto as condições demográficas como as socioeconómicas têm influência na procura de lenha. Em termos de elasticidade: o preço da lenha (-1,77), a distância percorrida para a recolha de lenha (-1,59), a recolha de lenha por mulheres adultas (-4,26) e as despesas com carvão vegetal (-6,35) foram negativamente elásticas, enquanto a dimensão do agregado familiar (4,96) e as despesas com alimentos por semana (4,65) foram positivamente elásticas. Estas elasticidades são ligeiramente mais elevadas do que as de outros estudos. As mudanças no uso/cobertura da terra ao longo do tempo tiveram uma influência significativa na disponibilidade de lenha na área. Isto levou a um aumento da distância percorrida pelos colectores de lenha, que varia entre 2 e 7 km. Isto deveu-se particularmente a um rápido aumento da agricultura em pequena escala até 2001, à custa de zonas húmidas, prados, bosques e matagais que funcionavam como fontes de lenha. No entanto, poucos agregados familiares (1%) utilizaram de forma consistente fogões a lenha melhorados e estão também envolvidos na agro-silvicultura como forma de ajustamento à escassez de lenha.

Palavras chave: *Estratégias de sobrevivência, Procura, Madeira combustível, Consumo de madeira per capita*

Capítulo 1

1.0 Introdução

1.1 Importância da lenha e das fontes de lenha na África Subsariana

A contribuição da madeira para combustível como fonte de energia no mundo é enorme (Thomas et al., 2007). Mais de dois mil milhões de pessoas em todo o mundo satisfazem as suas necessidades energéticas domésticas através da madeira de biomassa, dos resíduos agrícolas e do estrume (IEA, 2002; Adetunji et al., 2007; Bensel, 2008). A maioria destas pessoas encontra-se tanto nas zonas rurais como urbanas dos países do terceiro mundo; por exemplo, a lenha satisfaz mais de 85% das necessidades energéticas nas zonas rurais da África Subsariana e da América Latina (Bensel, 2008). Especificamente, no Botswana, Lesoto e Quénia, a dependência da lenha é superior a 70% (MPND, 2001; 2004).

As florestas naturais e as formações florestais indígenas fornecem a maior proporção das necessidades de combustível para as populações urbanas e rurais em África (Luoga 2000; Filmer et al., 2002). Mais de 65% da madeira para combustível em Harare, Zimbabué e Moçambique provém do abate de florestas naturais e bosques (Maponga, 2007). O Programa para a conservação da energia de biomassa (proBEC, 2004) salientou que as principais fontes de lenha e outros combustíveis de biomassa na Tanzânia são heterogéneas. Estas vão desde florestas, bosques de Miombo, arbustos, matagais, árvores dispersas em terrenos agrícolas, resíduos de exploração madeireira, resíduos de serrações, resíduos da agroindústria e resíduos agrícolas até ao estrume de animais domésticos. Pelo contrário, nas Filipinas, as terras privadas são as principais fontes de lenha auto-recolhida. Uma quantidade mínima é obtida de terras do governo, uma vez que os esforços agro-florestais são enfatizados como uma estratégia de proteção contra a erosão do solo (FAO, 2004).

As florestas tropicais de altitude, as terras agrícolas de subsistência e os bosques constituem quase 87% dos 468 milhões de toneladas de biomassa em pé no Uganda. No entanto, em termos de acessibilidade, nem tudo isto está disponível para combustível de madeira (Departamento Florestal, 2003). A biomassa nas terras agrícolas é mais acessível e disponível do que nas florestas tropicais de altitude (Departamento Florestal, 2003). Consequentemente, a lenha no Uganda é obtida de terras arbustivas; 30 %, bosques; 20 %, terras agrícolas e pousios; 48 %, e florestas naturais; 2 % (Kanabahita, 2001).

1.1. Situação da madeira para combustível no Uganda

O Uganda não é exceção à utilização e dependência da lenha; mais de 95% dos agregados familiares utilizam lenha ou carvão para cozinhar e conservar alimentos (Nafula, 2009). Não é surpreendente o facto de a lenha continuar a fornecer mais de 75% do consumo total de energia no ano 2015 (MFEP, 2000; PAM, 2005; UBOS, 2006). Cerca de 18 milhões de toneladas de lenha e quase 500.000 toneladas de carvão vegetal são consumidos anualmente no Uganda (NEMA, 2001; Kamese, 2004).

No entanto, no ano de 2006, a procura total de biomassa foi estimada em 22 milhões de toneladas métricas (NEMA, 2007). Isto indica um aumento bruto de 4 milhões de toneladas em relação a 2001. Durante cerca de 10 anos, o valor nominal total aumentou 81,6%, passando de 18,0 mil milhões de xelins do Uganda (1996/1997) para 32,7 mil milhões de xelins (2005/2006). O consumo de carvão vegetal mais do que duplicou, enquanto o valor do consumo de lenha aumentou 67,7% no mesmo período (UBOS, 2008).

A biomassa lenhosa vendida comercialmente contribui para mais de 90% do valor da energia utilizada no sector comercial do Uganda e da energia consumida no país (Sebbit et al., 2000; MEMD, 2001; PNUA, 2005). O comércio de combustíveis de biomassa contribuiu com 20 milhões de dólares americanos por ano para a economia nacional em termos de rendimentos rurais e receitas fiscais. O comércio de combustíveis de biomassa também emprega cerca de 200.000 pessoas. Poupa ao país o equivalente a 160 milhões de dólares americanos por ano em divisas em termos de produtos petrolíferos que, de outra forma, seriam importados (NEMA, 2007). Este facto torna a lenha muito importante para as famílias rurais.

A grande procura de carvão vegetal está relacionada com o seu custo relativamente barato, a sua disponibilidade imediata e o facto de os ugandeses terem desenvolvido um gosto por alimentos cozinhados com carvão vegetal. O carvão vegetal é também um biproduto da limpeza de terras para o desenvolvimento de culturas ou da pecuária (MEMD, 2001; NEMA, 2007; Jacoville e Kagolo, 2005). Esta procura é um fator que contribui para a perda de 26 milhões de toneladas de biomassa por ano no Uganda (Departamento Florestal, 2003). O consumo per capita de lenha e carvão vegetal está estimado em 680 Kgs e 613 kilo-tons (KT), respetivamente (MEMD, 2005). Embora o Uganda seja rico em energias novas e renováveis, a dependência excessiva da biomassa torna o país paradoxalmente pobre em energia (MFPED, 2006). A pobreza energética é a ausência de escolha suficiente no acesso a serviços de energia adequados, acessíveis, fiáveis, de qualidade, seguros e ambientalmente benignos para apoiar o desenvolvimento económico e humano (MEMD, 2002).

1.2 Dependência da lenha e esforços frustrados para reduzir o consumo

Apesar das iniciativas do Governo e do sector privado, tais como a formação sobre a utilização eficiente de fogões de pedra, a construção de fornos, a recolha de lenha das plantações e a substituição de combustíveis, continua a verificar-se uma utilização muito ineficiente e uma grande dependência da lenha no Leste do Uganda. Globalmente, a dependência dos distritos em relação à lenha é superior a 90%, por exemplo Bugiri (98%), Iganga (98,8%), Jinja (98%), Kapchorwa (93%),

Katakwi (99,6%), Mbale (96,3%) e Tororo (97%). As iniciativas têm por objetivo reduzir a degradação das florestas (UBOS, 2007; ProudLock, 2007). Há também uma utilização considerável de resíduos agrícolas, o que significa escassez de lenha (ProudLock, 2007). Comparativamente, outras formas de fontes de energia, como a solar, a eólica, o biogás e o gás de petróleo liquefeito (GPL), têm uma utilização negligenciável ou não são utilizadas de todo no distrito de Soroti; por exemplo, em 1997, apenas 0,1% dos agregados familiares estavam ligados à rede nacional (DSER, 1997).

Ironicamente, a cultura de replantação e cultivo de novas árvores em terrenos privados é inexistente (TERI, 1996). Isto resultou num fornecimento inadequado de lenha no distrito e na perda de biomassa (DSER, 1997). Em resposta, as autoridades distritais tentaram introduzir programas de florestação para replantar áreas desflorestadas. Além disso, aconselharam os residentes a utilizar outras fontes de biomassa, como o capim, entre outras (ProudLock, 2007). Esta última estratégia será desastrosa se for seguida, uma vez que irá roubar aos solos a reposição de nutrientes através da decomposição das gramíneas. Isto tem um impacto negativo na produtividade da terra. No entanto, existe uma escassez de informação sobre o que influencia a procura de lenha, a elasticidade dos factores determinantes da procura, a extensão da mudança de uso/cobertura do solo e a dinâmica da biomassa lenhosa, e como as famílias lidam com os impactos da diminuição da disponibilidade de lenha. É neste contexto que este estudo foi concebido.

1.3 Declaração do problema

A lenha é uma necessidade básica para a maioria das populações rurais no Uganda e a procura ao longo do tempo não está a diminuir (MFPED, 2006). No distrito de Soroti, o consumo de lenha é superior a 99% (UBOS, 2007; ProudLock, 2007). Enquanto a população corta árvores para satisfazer as suas necessidades de lenha, falta a cultura de replantação e cultivo de novas árvores. Este facto fez com que a comunidade sofresse de escassez de lenha à medida que as populações de árvores diminuíam. Além disso, verifica-se a perda de algumas espécies de árvores autóctones, o aumento da frequência e da intensidade das tempestades e uma alteração do microclima. Na medida em que reina a escassez de lenha, o desenvolvimento de fontes alternativas, bem como a utilização eficaz da lenha, é praticamente inexistente (MEMD, 2001). Para agravar a situação, são limitados os conhecimentos, os dados e as informações sobre os factores que influenciam a procura, a magnitude da elasticidade, a extensão da utilização/alteração do coberto vegetal e a dinâmica da biomassa de madeira, bem como a forma como as famílias lidam com a escassez de lenha. Por conseguinte, para desenvolver uma resposta adequada a esta situação, é importante estabelecer os principais factores determinantes da procura de lenha e as suas elasticidades, a extensão das alterações induzidas na utilização/cobertura do solo e a dinâmica da biomassa lenhosa, bem como as estratégias disponíveis para fazer face à escassez de lenha.

1.4 Objectivos

Esta tese concentra-se nos factores determinantes da procura de lenha no sub-condado de Olio e, com base nisso, calcula as elasticidades da procura de lenha. Em termos gerais, procurou alargar a compreensão dos padrões e factores de consumo, dos mecanismos de sobrevivência e do seu impacto no stock de biomassa. Os objectivos específicos foram os seguintes

1) Identificar os principais factores que influenciam a procura de lenha no sub-condado de Olio.

2) Estimar a elasticidade da procura de lenha em função dos seus factores determinantes.

3) Estabelecer a extensão da alteração da utilização/cobertura do solo e a dinâmica das existências de biomassa.

4) Documentar as estratégias domésticas de sobrevivência energética.

1.5 Questões de investigação

1) Quais são os principais factores que influenciam a procura de lenha no sub-condado de Olio?

2) As elasticidades dos factores determinantes da procura de lenha no sub-condado de Olio são significativas?

3) Qual é o efeito da mudança de uso/cobertura do solo no stock de biomassa no sub-condado de Olio?

4) Quais são as estratégias domésticas disponíveis para lidar com a energia no sub-condado de Olio?

1.6 Importância do estudo

Um dos principais problemas da integração da informação socioeconómica e ambiental na análise rural é a disponibilidade de estatísticas territorialmente diferenciadas. Este estudo forneceu informações básicas sobre os factores determinantes, a elasticidade da procura de lenha e a escassez de lenha a nível micro. Orientou os decisores políticos e a comunidade no sentido de instituírem e aplicarem mecanismos adequados de gestão da energia. Além disso, gerou informações sobre energia que devem ser acrescentadas ao conjunto de dados de oferta e procura de energia do Uganda. Por último, contribuiu para um conjunto de conhecimentos existentes na compreensão das características dos agregados familiares.

1.7 Abordagem de investigação

O sub-condado de Olio foi selecionado como um estudo de caso. Na investigação de estudo de caso, as perguntas exploratórias 'o quê' e 'como' ajudam a obter informações detalhadas e valiosas e a compreender o tópico (Rialp e Rialp, 2006). A investigação de estudo de caso é tanto qualitativa como quantitativa (Yin, 2003 citado em Abate, 2009). Este estudo triangulou métodos de tal forma que os dados foram obtidos a partir de diferentes fontes, tais como observações, documentações e entrevistas. Isto ajudou a recolher diversas ideias sobre a mesma questão e contribuiu para a verificação cruzada dos resultados. Entretanto, isto é fundamental para aumentar a validade e a fiabilidade dos resultados e facilita a análise dos dados (Bryman, 2008).

Este estudo obteve dados de fontes primárias, incluindo entrevistas a agregados familiares, observações no terreno e discussões em grupos de discussão com membros da comunidade, incluindo mulheres, homens, anciãos e conselheiros locais. Também recolheu informações de fontes de dados secundárias, incluindo: imagens de satélite da Landsat, estimativas do stock médio de biomassa em pé da Autoridade Florestal Nacional (NFA) do Uganda, mapas topográficos do Departamento de Terras e Levantamentos em Entebbe e dados sobre a população do Gabinete de Estatísticas do Uganda.

1.8 Esboço do livro

O Capítulo 2 apresenta informações gerais sobre o sub-condado de Olio no Leste do Uganda. Tenta colocar o sub-condado de Olio em perspetiva, relatando os aspectos socioeconómicos da área. Para efeitos de publicação deste livro, decidi intitular este capítulo: Reféns da cultura de subsistência: Podem ser resgatados? Um estudo de caso do sub-condado de Olio; distrito de Soroti, Uganda Oriental. O Capítulo 3 explora os factores determinantes da procura de lenha e a estimativa das elasticidades da procura de lenha no sub-condado de Olio, no distrito de Soroti, na parte oriental do Uganda. Utilizou-se uma regressão logarítmica linear para estimar a procura de lenha, utilizando os dados primários recolhidos durante um inquérito transversal aos agregados familiares de quinze dias. O capítulo 4 centra-se nas tendências de utilização da terra e na dinâmica da biomassa no sub-condado de Olio. Uma combinação de abordagens metodológicas, incluindo a análise de imagens de satélite, entrevistas a agregados familiares e a informadores-chave, e a utilização de dados secundários obtidos da Autoridade Florestal Nacional (AFN) orientaram a análise neste capítulo. O software Integrated Land Water and Information Systems (ILWIS 3.2 Academic) e o ArcView foram utilizados para analisar as imagens de satélite numa classificação não supervisionada. O Capítulo 5 encerra a tese, considerando os mecanismos de sobrevivência que a comunidade está a utilizar face à escassez. Os leitores deste trabalho também são encorajados a tomar nota das variações no conteúdo que descreve a área de estudo. Isto foi feito propositadamente para fornecer uma vasta gama de informações sobre a área de estudo.

Capítulo 2

Reféns da cultura de subsistência e da dependência da lenha: Podem ser resgatados? Um estudo de caso do sub-condado de Olio, distrito de Soroti, Uganda Oriental

Egeru António

Colégio de Educação e Estudos Externos, Escola Superior de Educação

Universidade de Makerere. P.O. Box 7062 Kampala, Uganda.

Tel: +256-782-616879/+256-702-966761

Correio eletrónico: egeru81@educ.mak.ac.ug

Resumo

O capítulo examinou a razão pela qual os pequenos agricultores rurais continuaram a depender do cultivo de subsistência no sub-condado de Olio, no Uganda Oriental, apesar dos numerosos esforços do governo para modernizar a agricultura. Foram seleccionados quatrocentos e noventa (490) agricultores de subsistência e realizadas entrevistas individuais para identificar a diversidade das fontes de subsistência e outras dinâmicas socioeconómicas dos meios de subsistência. Foram também realizadas discussões em grupo em três aldeias para discutir as oportunidades de melhoria dos meios de subsistência. As respostas às entrevistas individuais foram analisadas utilizando o Statistical Package for Social Scientists (SPSS), enquanto as respostas às discussões dos grupos de centragem foram analisadas com base em temas emergentes. As conclusões indicaram que 94% dos agricultores de subsistência dependiam do cultivo de subsistência tanto para a alimentação como para o rendimento. O cultivo de subsistência gerava mais de 58% do rendimento do agregado familiar. Em média, a parte das culturas vendidas gerou UGX.255, 878 (USD 127,9) por estação. Em termos de culturas, a mandioca apresentou uma importância relativa de 90% como cultura alimentar, em comparação com o milho painço (46,9%). O algodão, uma antiga cultura de rendimento, foi relegado e era cultivado por apenas 3% dos agricultores de subsistência. Isto gera rendimentos muito baixos que deixam as famílias a viver numa pobreza abjecta. As alterações climáticas (variabilidade) são identificadas como um dos maiores desafios emergentes na comunidade. Apesar da disponibilidade de novas variedades no mercado e no Instituto Nacional de Investigação Agrícola do Semi-Árido (NASARI), a acessibilidade e a utilização são limitadas devido aos elevados preços de aquisição e à adesão a variedades e práticas tradicionais. Verificou-se que, devido aos baixos rendimentos, não podem pagar fontes alternativas de energia, o que os deixa dependentes da lenha (99%) e dos resíduos das colheitas (60%). Existem, no entanto, oportunidades na resiliência e no desejo da comunidade de sair da pobreza, e uma produção florescente de frutas (citrinos e mangas) e uma produção apícola inexplorada são essas enormes oportunidades. Há necessidade de mobilizar a comunidade sem colocar considerações políticas para que a produção significativa seja realizada, a ISFM deve ser reforçada através dos Comités de Desenvolvimento Paroquial (PDCs).

Palavras-chave: *Comunidade, meios de subsistência, oportunidade, subsistência, Soroti-Uganda*

2.0 Introdução

Os produtores rurais africanos de subsistência são definidos por tendências de agricultura de subsistência e no Uganda, estes constituem 68%. Mesmo o pouco produzido pode não ser necessariamente suficiente para garantir a segurança alimentar do agregado familiar (AATF, 2010).

O que é produzido é dedicado a satisfazer as necessidades alimentares do agregado familiar, mas só é vendido quando existe um excedente percetível ou em situações de necessidade para satisfazer outras necessidades básicas, incluindo cuidados médicos, combustível, propinas escolares dos filhos e pagamento de dívidas. O cultivo de subsistência é a base da sobrevivência dos agregados familiares rurais nas herdades da África Subsariana, com actividades como plantar sementes, regar e lavrar os campos, colher alimentos, cuidar de vacas, galinhas e outros animais, que definem um dia na vida dos agricultores de subsistência (AATF, 2010; Progress Sheet, 2010).

No entanto, muitas vezes, estes agricultores de subsistência são confrontados com uma série de problemas, incluindo, entre outros: tamanho limitado e decrescente das parcelas, pragas e infestação de insectos, custos elevados dos factores de produção agrícola, elevadas taxas de crescimento populacional, residência em locais remotos do país, elevadas taxas de pobreza e alterações climáticas. De facto, na maioria dos países africanos, a pobreza é um fenómeno rural; por exemplo, no Uganda, a região do Norte tinha a incidência de pobreza mais elevada, 64,8%, com a sub-região de Karamoja a registar a incidência sub-regional mais elevada, 82%, em 2008, enquanto o distrito de Soroti tinha registado 77,7% de incidência de pobreza durante o mapeamento de 1991-1999 "onde estão os pobres" realizado pelo Gabinete de Estatística do Uganda e pelo Instituto Internacional de Investigação Pecuária. O primeiro distrito atravessou mais de duas décadas de conflito armado que afectou a produtividade dos agricultores de subsistência, enquanto o segundo está envolto em roubos de gado.

O crescimento agrícola continua a ser considerado crucial para retirar os agricultores de subsistência da pobreza (WDR, 2008; Zhou, 2010). O seu impacto é indireto, através do aumento da procura de mão de obra agrícola, da criação de empregos em sectores conexos que prestam serviços à agricultura (ligações para a frente e para trás), da disponibilização de recursos para investir na educação e promover a migração para fora da agricultura, da geração de recursos que são investidos noutros sectores para criar novos empregos e da redução do preço dos produtos básicos (Staatz e Dembele, 2008; WDR, 2008). A agricultura tem ainda o potencial de tornar os jovens produtivos nas suas localidades. Dado que a maior parte da população do Uganda é jovem, a agricultura ofereceria emprego credível a um espetro mais vasto de jovens desempregados. Por conseguinte, a modernização da agricultura continua a ter o potencial de contribuir mais eficazmente para um desenvolvimento amplamente partilhado. Consequentemente, o Governo do Uganda injectou enormes recursos financeiros em programas de desenvolvimento como o regime Entandikwa, o Plano de Ação para a Erradicação da Pobreza (PEAP), o Plano de Modernização da Agricultura (PMA) e os Serviços Nacionais de Aconselhamento Agrícola (NAADS) para aumentar a produtividade e a rentabilidade da agricultura. No entanto, estes programas tiveram um sucesso limitado entre a maioria dos agricultores de subsistência. Em consequência, um número considerável de agricultores de subsistência continua a ser um pequeno agricultor empobrecido que não dispõe de recursos para sair da pobreza, sendo assim reféns da cultura de subsistência. Neste estudo, examino as razões pelas quais os proprietários rurais do sub-condado de Olio dependem da agricultura de subsistência e se este comportamento tem implicações nos seus padrões de consumo elevado de lenha.

2.1 Materiais e métodos

2.1.1 Área de estudo

O sub-condado de Olio situa-se no distrito de Soroti, no leste do Uganda. Está largamente coberta por rochas do complexo basal de idade pré-câmbrica, que incluem: granitos, mignalitos, gnaisses, xistos e quartzitos com quatro unidades principais de solo: Serere e Amuria catena; complexo Metu e série Usuk. A vegetação da zona é uma mistura de bosques, savana arborizada, savana herbácea, florestas e vegetação ribeirinha (DSER, 1997). Trata-se da zona agro-ecológica de Teso, sendo o milho painço o alimento básico tradicional e o algodão a cultura de rendimento da região. O sistema agrícola de Teso, caracterizado por um sistema agropecuário dominado por culturas anuais, especialmente painço, sorgo e mandioca, solos leves e inférteis, e criação de gado, está perpetuamente exposto a factores de stress climático, especialmente a longas secas de dezembro a março e a inundações destrutivas que ressurgiram após mais de 30 anos.

O distrito de Soroti tem um clima húmido e quente. A precipitação é bimodal, com uma média anual entre 1000 e 1350 mm. A maior parte é recebida entre março e maio, diminuindo para aguaceiros ligeiros entre junho e agosto e novamente chuvas fortes entre setembro e novembro. O clima do distrito é modificado pela grande área de pântano que o rodeia. A estação seca começa em dezembro e dura até fevereiro. Cerca de 18°C e 31,3°C são as temperaturas mínimas e máximas registadas, respetivamente. No entanto, os extremos ocorrem normalmente em fevereiro, quando se registam cerca de 35°C. A temperatura mais alta alguma vez registada foi em fevereiro de 1949, quando as temperaturas atingiram os 40°C (Okori et al., 2002).

Durante as monções do Nordeste, a região é varrida por um vento que atravessou a Somália, passou entre o maciço da Abissínia, as terras altas do Quénia e as colinas de Karamoja. O teor de vapor de água deste vento é, por conseguinte, baixo. A passagem da zona de convergência intertropical para sul, em outubro, parece não trazer mais chuva do que a suficiente para produzir uma diminuição gradual do pico de julho. A taxa de evaporação é relativamente elevada no distrito de Soroti, uma vez que este se situa perto do equador. As evaporações são particularmente elevadas nas estações secas (DSER, 1997).

O sub-condado de Olio situa-se a uma altitude de 1.132 pés acima do nível do mar. Trata-se geralmente de um planalto com duas colinas isoladas de Akudam/Igola; 3927 pés, Kikoota/Serere; 3900 pés. A maior parte das áreas do sub-condado estão cobertas por rochas do complexo basal de idade pré-cambriana que incluem: granitos, mignalitos, gneiss, xistos e quartzitos. Estas estruturas rochosas deram origem a quatro grandes unidades de solo: catena Serere e Amuria; complexo Metu e série Usuk. Estes são maioritariamente do tipo ferralítico (sedimentos arenosos e franco-arenosos). São bem drenados e friáveis. Os terrenos de fundo contêm depósitos generalizados de aluviões (DSER, 1997).

2.1.2 Abordagem de investigação, recolha e análise de dados

O estudo adoptou uma abordagem de investigação qualitativa e quantitativa. Isto deve-se ao facto de a questão em causa exigir um exame aprofundado de "o quê" e "como", com base principalmente nas percepções dos produtores de produtos de subsistência. A quantificação foi essencial, dado que foram entrevistados 490 produtores de subsistência, pelo que se utilizaram estatísticas descritivas e explicativas. Os dados foram recolhidos propositadamente junto dos produtores de subsistência, uma vez que o estudo se centra na identificação das razões pelas quais estes são reféns do cultivo de subsistência e na forma de os salvar. A recolha de dados foi feita de forma iterativa, envolvendo três fases: primeiro, foram realizadas entrevistas individuais com os presidentes dos conselhos locais. Através destas entrevistas, obtiveram-se listas de aldeias e temas/áreas-chave a focar, que foram depois trazidos à tona na segunda fase, que consistiu em discussões de grupo focalizadas (FGDs) com os detentores de culturas de subsistência na comunidade. No total, foram realizados três (3) GFDs compostos por anciãos da aldeia, mulheres e jovens. Os anciãos da aldeia foram considerados devido à sua longa experiência e conhecimento histórico, as mulheres como as principais guardiãs da agricultura e os jovens porque constituem a próxima geração e também fornecem uma quantidade considerável de força de trabalho para o cultivo. A terceira fase envolveu entrevistas individuais a 490 agregados familiares de subsistência, com o objetivo de alargar o âmbito da informação sobre as fontes de subsistência. Os dados obtidos foram analisados quantitativa e qualitativamente. A nível quantitativo, foram geradas estatísticas descritivas com base em percentagens, médias e correlações, enquanto a nível qualitativo foi efectuada uma análise dos dados das discussões dos grupos de centragem com base em temas emergentes.

2.3 Conclusões e discussão

2.3.1 Características do agregado familiar

Cerca de setenta e um por cento dos inquiridos (70,8 %) eram agregados familiares chefiados por homens e 29,2 % por mulheres. A idade média do chefe do agregado familiar era de 43 anos, enquanto a dimensão média do agregado familiar na área foi estimada em 6,8 pessoas. Akoboi, no entanto, mostrou um tamanho médio de agregado familiar relativamente maior, de 7,5 pessoas.

Este valor é superior à média nacional e distrital de 5,6 e 5,1 pessoas, conforme apresentado pelo Gabinete de Estatísticas do Uganda (UBOS, 2007).

Os chefes de família que tinham atingido o nível primário de educação eram mais; 36,5%, seguidos pelos que não tinham frequentado qualquer educação formal; 23,9%, seguidos de perto pelos que tinham concluído o ensino secundário; 22,2%, enquanto os que tinham concluído o ensino superior registaram 17,3% (Figura 2.1). A literacia global situou-se em 76%, uma melhoria em relação aos 65% determinados durante o Censo da População e Habitação de 2002 (UBOS, 2003). O nível de instrução dos chefes de família por freguesia variava assim: Akoboi; 31% e Oburin; 30% revelaram que um maior número de chefes de família não tinha atingido qualquer educação formal. Este facto foi atribuído ao número limitado de escolas primárias nestas áreas ao longo do tempo.

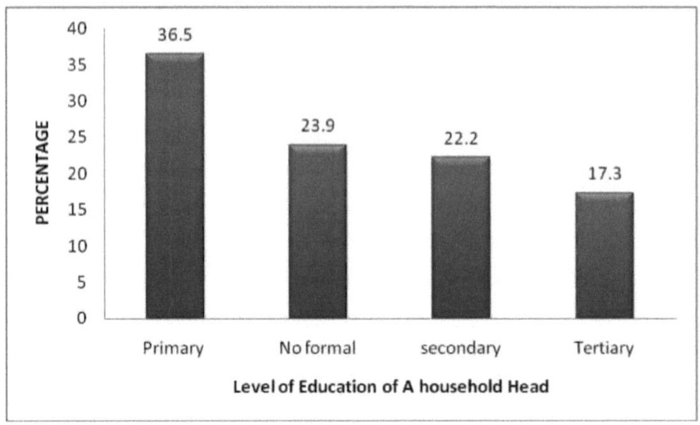

Figura 2.1: Nível de escolaridade dos chefes de família (N=490)
Fonte: Autor junho de 2010

Mais de 65% dos agregados familiares cozinhavam 3 refeições por dia, 29% cozinhavam 2 refeições e 1,8% cozinhavam 4 refeições por dia (Figura 2.2). Enquanto cozinhavam, 92,2% dos que cozinhavam não apagavam o fogo imediatamente após a cozedura, deixando a lenha a arder. Este facto foi mais pronunciado nos agregados familiares de Okulonyo; 81%, e Oburin; 73%. Esta prática também explica o elevado peso médio de lenha (60 Kgs) utilizado pelos agregados familiares nestas duas freguesias por semana. Este cenário foi atribuído ao facto de estas duas freguesias terem um stock de biomassa lenhosa relativamente mais elevado. Durante o curso do estudo, as observações revelaram que as famílias dependiam principalmente de alimentos ricos em amido, por exemplo, a mandioca e a batata-doce eram cozidas e comidas com água ao pequeno-almoço, a mandioca e o painço e a farinha de sorgo podiam ser cozinhados e comidos com feijão, legumes, peixe ou molho de carne ao almoço e/ou jantar.

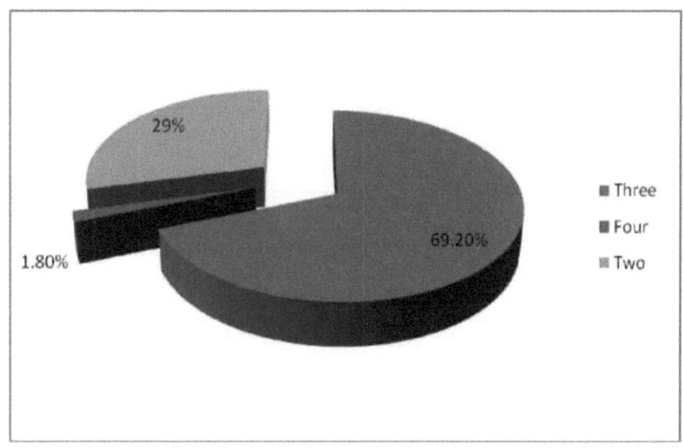

Figura 2.2: Número médio de refeições cozinhadas num agregado familiar (N=490)
Fonte: Autor junho de 2010

2.3.2 Em que é que os agregados familiares gastam?

As despesas de consumo das famílias revelaram padrões variados; a despesa mínima em alimentos por semana foi de 2.000 xelins, enquanto a máxima registada foi de 182.000 xelins, sendo a despesa média equivalente a 34.334 xelins (17,2 USD). Isto revela uma comunidade que vive na pobreza. A despesa média mensal com cuidados médicos foi de 22 736 xelins, sendo o mínimo e o máximo de 500 xelins e 240 000 xelins, respetivamente.

Por outro lado, havia agregados familiares que nunca gastavam dinheiro com a escolaridade por período, talvez porque não mandavam os seus filhos à escola ou não tinham filhos em idade escolar.

Outros pagaram muito, com 1.800.000 xelins registados como o montante máximo pago por um chefe de família. Estas categorias levam os seus filhos para escolas municipais fora do distrito de Soroti. Entretanto, a despesa média do agregado familiar com a educação por período foi de 113 420 xelins para os chefes de família que tinham os seus filhos em escolas dentro do distrito de Soroti.

A despesa semanal em lenha revelou uma média de 3.385 xelins, com um mínimo de 500 xelins e um máximo de 14.000 xelins. Este padrão é o resultado do facto de alguns agregados familiares terem fontes de lenha perto das suas propriedades. Como resultado, o custo de oportunidade da recolha de lenha era mais baixo para as famílias próximas das fontes de lenha em comparação com as que se deslocavam a uma distância maior.

A despesa mensal dos agregados familiares com carvão vegetal foi de 3.780 xelins. Esta despesa aparentemente baixa deve-se ao facto de que os agregados familiares que usavam carvão ocasionalmente também usavam lenha para cozinhar (empilhamento de combustível). A despesa média mensal com eletricidade foi de 771 xelins. Isto pode ser atribuído ao facto de que poucos agregados familiares estão ligados à rede nacional. Isto mostra que a eletricidade não é uma fonte importante de energia na área. Além disso, a extensão da rede nacional está limitada a partes das freguesias de Osuguro e Okulonyo, enquanto Akoboi não tem acesso à rede nacional.

2.3.3 Quais são as fontes de subsistência?

Mais de 94% dos agregados familiares dependiam do cultivo de culturas tanto para a alimentação como para a geração de rendimentos (Figura 2.3). Isto é, no entanto, muito mais elevado do que as conclusões de 2005/2006 feitas pelo Inquérito Nacional aos Agregados Familiares do Uganda (UNHS) que estimou 79% de dependência (UBOS, 2007). Isto confirma que as actividades baseadas na terra ainda são fundamentais para os meios de subsistência das famílias (Giannecchini, 2007). De acordo com Grunzweig et al. (2003), a dependência excessiva do cultivo de culturas implica que mais extensões de terra têm de ser desbravadas para o cultivo. Isto provoca alterações na cobertura do solo. Estas alterações agravam os conflitos no fornecimento de alimentos, combustível e forragem dos quais depende a subsistência dos pobres (Bolwing et al., 2006). Com a conversão contínua, o stock de vegetação diminui, resultando numa desflorestação crescente e no aumento da distância percorrida para recolher lenha (Buyinza et al., 2008).

Por outro lado, 19,4 % dos chefes de família estavam envolvidos no comércio de lenha (Figura 2.3), com uma diferença acentuada entre as freguesias: 41,1% em Oburin, Okulonyo; 18%, Akoboi; 15,3%, e Osuguro; 0,7%. Enquanto Osuguro reflecte uma participação limitada no comércio de madeira para combustível (apêndice B: Placa 3), Oburin tinha, comparativamente, um maior stock de biomassa lenhosa.

Figura 2.3: Actividades económicas do agregado familiar (N=490)

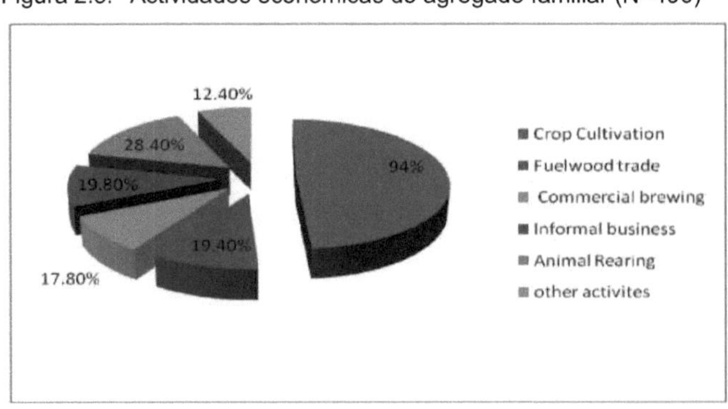

A produção comercial de cerveja local (Millet *beer-ajon* e Potent *Gin-eguli*) não era uma atividade dominante nos agregados familiares, apenas 17,8% dos agregados familiares estavam envolvidos nesta atividade. Noutras actividades, 19,8% dos agregados familiares estavam envolvidos em negócios informais, 28,4% criavam animais (gado, cabras e ovelhas) e 12,4% estavam envolvidos noutras actividades como a construção e o fornecimento de trabalho ocasional. Por conseguinte, com um grande número de agregados familiares (94%) ainda dependentes do cultivo de subsistência para sobreviver, a área encontra-se numa espiral de problemas, incluindo

- São necessárias mais terras para alimentar esta população

- É necessária mais lenha para cozinhar os alimentos

- Os rendimentos são baixos e continuarão a sê-lo devido a poupanças limitadas

- O investimento pode não ser viável devido à dependência do cultivo de subsistência

- .3.4 Propriedade da terra

Havia um número substancial de agregados familiares com mais de 3 acres de terra (58,8%); seguiam-se os que tinham 2 acres (15,7%), com 1 acre e menos de 1 acre a registarem quase a mesma percentagem de 8,8% e 8,2%, respetivamente (Figura 2.4). Em termos de freguesia, registaram-se diferenças significativas, por exemplo, Akoboi tinha 75% dos agregados familiares com 3 acres ou mais, em comparação com Osuguro, com 11,7%. Isto pode ser uma consequência do crescimento urbano que ocorre em torno de Osuguro, mas também está ligado à instalação de imigrantes de outras partes de Teso, especialmente de Ngora e Kumi.

Cerca de 17% da terra era propriedade de agregados familiares chefiados por mulheres, embora 29,2% dos agregados familiares fossem chefiados por mulheres. Elas explicaram que a terra pertencia ao clã; elas só podiam usá-la, mas não tinham direitos legais absolutos de propriedade. Este resultado é comparativamente inferior ao da região central (28,4%). Isto mostra um maior empoderamento das mulheres, urbanização, capacidade financeira e conhecimento das mulheres sobre a importância de possuir terra (UBOS, 2007).

Figura 2.4: Propriedade da terra do agregado familiar (N= 490)

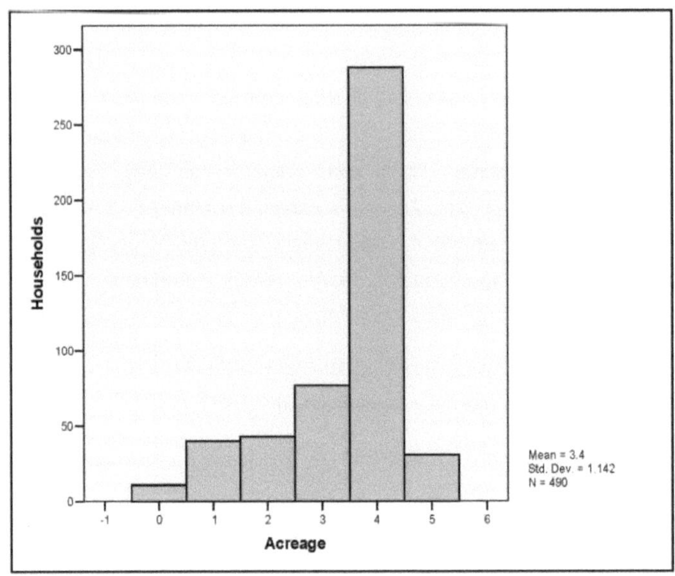

Fonte: Autor fevereiro de 2008

2.1.5 Que culturas praticam os agricultores de subsistência do sub-condado de Olio?

As principais culturas cultivadas incluem: mandioca, milho, painço, sorgo, batata, amendoim e algodão. Mais de 90% dos agregados familiares possuíam uma horta de mandioca (Figura 2.5). Os chefes dos agregados familiares argumentaram que a mandioca está a ocupar um lugar central como alimento básico devido à sua capacidade de resistir à seca. Está a tornar-se cada vez mais uma cultura fiável para gerar rendimento familiar. A mandioca gerava rendimento familiar para 58% dos agregados familiares. Este facto também se verificou entre as famílias de agricultores no Estado de Ondo, na Nigéria (Mafimisebi, 2008). O Banco Mundial, num estudo sobre revolucionários tranquilos, descreveu a mandioca como uma 'cultura da fome' (Banco Mundial, 1993), enquanto Hahn (1994) argumentou que se tornou muito popular na África Subsariana devido à sua facilidade de cultivo e adaptabilidade a uma grande variedade de solos, mesmo os marginais.

O milho também se tornou uma cultura importante, 66,3% dos agregados familiares tinham-no cultivado. Seguiu-se a batata-doce (57,8%). Enquanto o painço, que costumava ser uma cultura alimentar tradicional, era cultivado por 46,9% dos agregados familiares (Figura 2.5). Os chefes dos agregados familiares argumentaram que o cultivo de painço é fastidioso, especialmente durante o período de monda, mas o sistema tradicional de trabalho comunal de '*aleya*' desapareceu. Na sua exposição sobre o caminho para a alimentação, Ebanyat (2009) argumentou que, no caso do painço, em particular, a mão de obra para a tediosa monda e colheita era organizada comunitariamente para se ajudarem uns aos outros ('*ebole*'). Este trabalho era recompensado com uma refeição e uma bebida local (*'ajon'*) no final da estação. Esta construção social desapareceu gradualmente da comunidade porque as pessoas pensam agora em termos monetários.

O algodão, uma cultura tradicional de rendimento, foi cultivado por apenas 3% dos agregados familiares. Os agricultores atribuíram a sua relutância em cultivar algodão à diminuição dos rendimentos, aos baixos preços de mercado, à morosidade do cultivo, ao número crescente de pragas e doenças do algodão, ao colapso das cooperativas que costumavam fornecer insumos e melhores preços de mercado, e à diminuição do tamanho da terra. De acordo com MAC (1966) citado em Ebanyat (2009), o algodão e o milheto eram culturas populares cultivadas pelos agricultores em Teso para fins comerciais e de subsistência. Na região de Pallisa, 85% plantavam algodão e 66% plantavam mexoeira em meados da década de 1960. No entanto, 66% dos agregados familiares tinham igualmente cultivado outras culturas, incluindo: simsim, café, grama verde, ervilhas, soja e arroz.

Mais de 58% dos agregados familiares venderam mandioca; seguiu-se o sorgo (13,5%). Cerca de 65% dos agregados familiares venderam outras culturas, incluindo milho e amendoim. O comércio de culturas gerou uma média de ganhos familiares de 138.517 xelins por estação. Mais de 64% dos chefes de família também se dedicam a outras actividades para além do cultivo de culturas, sendo que 49,4% estão no sector informal, 14,1% no sector formal e 1,4% são pensionistas. Destas outras actividades, o rendimento médio do agregado familiar era de 117, 361 xelins por mês. Isto mostra que os que se dedicam a outras actividades têm melhores rendimentos do que os que dependem do cultivo de culturas.

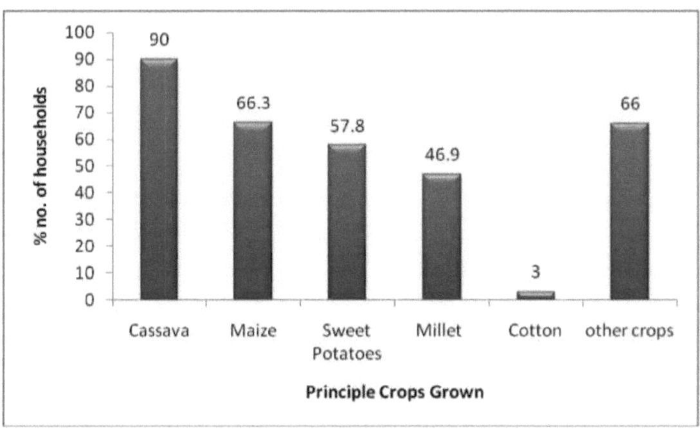

Figura 2.5: Principais culturas cultivadas pelos agregados familiares (N=490)
Fonte: Autor junho de 2010

2.3.5 Que constrangimentos e oportunidades existem para melhorar a agricultura?

Verificou-se que os agricultores de subsistência esperavam sinceramente beneficiar de programas governamentais como o National Agricultural Advisory Services (NAADS), o Peace, Recovery and Development Programme (PRDP) e o Prosperity for all. Devido à forma como são discutidos nas estações de rádio locais, tais como a Rádio VERITAS, a Voz de Teso e a rádio Etop. Os políticos angariam o apoio local e suscitam a esperança do público. Infelizmente, os agricultores de subsistência dificilmente estão organizados em grupos ou associações comunitárias através dos quais estes programas os beneficiariam, embora esta seja uma das condições prévias obrigatórias. Os políticos argumentam que os produtores de alimentos são desorganizados e que a política multipartidária aumentou a divisão entre os partidos políticos e as personalidades. No entanto, numa contra-acusação, os produtores de subsistência argumentaram que são os políticos que alimentam estas divisões de modo a continuarem a ser os principais beneficiários, utilizando-os apenas para seu benefício pessoal e como bodes expiatórios.

Numa outra reviravolta, os produtores de subsistência salientaram que os extensionistas existem em teoria porque é difícil interagir com eles, mesmo as novas variedades que eles encorajam a cultivar são altamente susceptíveis às doenças das culturas. *Se não pulverizarem as vossas culturas com insecticidas e pesticidas, preparem-se para suar à toa*, observou um dos participantes do FGD. Nos debates, a variabilidade e as alterações climáticas surgiram como um dos desafios emergentes para a posteridade na agricultura; as alterações sentidas afectam as épocas de plantação, os rendimentos das colheitas e os mercados das colheitas. A exaustão dos solos foi identificada como um fator que contribui para a redução da produtividade das culturas, tendo-se observado que os solos estão cansados e que os rendimentos já não são os mesmos dos anos 80, apesar de se plantarem variedades de culturas melhoradas.

Os participantes identificaram o aumento da presença da erva striga e de outras ervas daninhas, a grande disseminação de ervas daninhas, o atrofiamento do milho, do painço e do sorgo e os baixos rendimentos por parcela como indicadores de esgotamento do solo. Outros desafios identificados incluíram: custos elevados de insumos como pesticidas, sementes e mudas, mercado direto limitado, custos elevados de transporte devido à rede rodoviária deficiente e alguns comentários negativos do público. Numa das discussões dos grupos de centragem realizadas em 2008, um participante comentou com raiva que *as árvores sempre existiram, encontrámo-las aqui e vão continuar a existir, não plantámos e não precisamos de plantar, elas crescem sozinhas!*

No entanto, a concessão do estatuto de distrito às circunscrições de Serere e Kasilo (distrito de Serere) constituiu uma oportunidade para os membros da comunidade, pois eles acreditavam que os serviços estavam a aproximar-se, os recursos estariam ao seu alcance e eles iriam interagir facilmente com os funcionários do distrito. Eles também acreditavam que este novo estatuto permitiria que as suas estradas fossem facilmente trabalhadas uma vez que o distrito teria a sua própria unidade de obras rodoviárias. Isto permitir-lhes-ia comercializar facilmente os seus produtos. Além disso, os seus filhos obteriam empregos no distrito; eles acreditavam que quando isso acontecesse, eles poderiam comprar "a *energia do homem branco - eletricidade e LGP*".

Nestas discussões, havia um sentimento tribalista, especialmente quando se tratava de empregos distritais. Era também evidente que os agricultores de subsistência (os mais idosos) ainda viviam no passado glorioso, quando o seu gado era abundante, antes de os ladrões de gado de Karimojong terem efectuado incursões e de a agitação civil em Teso ter posto um ponto final na dependência do gado para a sua subsistência. Apesar desta nostalgia, a fruticultura (*citrinos* e *mangas*) está a dar um raio de esperança. Um fruticultor, o Sr. Odeke, em Adoku, testemunhou que ganha mais com os seus frutos do que com as culturas. Plantou mangas de alto rendimento e de crescimento rápido: *Kent, Tommy, Apple* e *Boribo, citrinos;* variedades *Egyptian tang, Sweet med, Washington, American tangerine e Hamlin*, ananases e apiário integrado. (quadro 1). Esta tendência semelhante foi observada entre os produtores de fruta biológica no distrito de Kayunga, no centro do Uganda (Chongtham et al., 2010). Também se observou que alguns agricultores tinham começado a plantar árvores como pinheiros, castanhas de caju, jatropha (*ejumula*), eucaliptos e grevillea robusta. Estas constituem oportunidades para os agricultores de subsistência.

2.3.6 Discussão

No Uganda e no Distrito de Soroti em particular, a média nacional e distrital do tamanho dos agregados familiares durante o Censo da População e Habitação (PHC) de 2002 foi estimada em 5,6 e 5,1 pessoas respetivamente (UBOS, 2007a). Agora que o Condado de Serere se tornou um distrito independente, os resultados do presente estudo mostram que, em média, um agregado familiar tinha sete pessoas. Isto é mais elevado do que a média nacional. A dependência de mais de 94% dos detentores de meios de subsistência do cultivo de culturas, tanto para a alimentação como para a geração de rendimentos, é um testemunho da dependência de uma comunidade do capital natural. O resultado é, no entanto, muito mais elevado do que as conclusões de 2005/2006 feitas pelo Uganda National Household Survey (UNHS) que estimou a dependência distrital da agricultura de subsistência em 79% para o Distrito de Soroti (UBOS, 2007b). Isto mostra que as actividades baseadas na terra ainda são fundamentais para os meios de subsistência das famílias (Giannecchini, 2007). Na sua exposição, Grunzweig et al. (2003) sustentaram que a dependência excessiva do cultivo de culturas implica que mais extensões de terra têm de ser desbravadas para o cultivo. Isto conduzirá a alterações na utilização/cobertura da terra (Egeru e Majaliwa, 2009). Estas mudanças agravam os conflitos no fornecimento de alimentos, combustível e forragem dos quais depende a subsistência dos pobres (Bolwing et al., 2006). Com a conversão contínua, o stock de vegetação diminui, resultando no aumento da desflorestação e no aumento da distância percorrida para recolher lenha (Buyinza et al., 2008). Por conseguinte, com o enorme número de agricultores de subsistência (94%) ainda dependentes do cultivo de subsistência para sobreviver, a área encontra-se numa espiral de problemas, incluindo: é necessária mais terra para alimentar esta população, é necessária mais lenha para cozinhar os alimentos, os rendimentos são baixos e continuarão a ser baixos e o investimento pode não ser viável devido à dependência do cultivo de subsistência com poupanças limitadas ou inexistentes.

Os agricultores de subsistência encontram-se numa situação delicada de segurança alimentar devido à dependência das culturas alimentares para gerar rendimentos. A mandioca e outras culturas forneceram 58% do rendimento familiar, tendo em conta que estas não são produzidas em grande escala, o que deixa os agricultores de subsistência num equilíbrio delicado de segurança alimentar que, em caso de seca prolongada, as hipóteses de fome e carestia são bastante elevadas. Noutro lugar, Mafimisebi (2008) estabeleceu que a subsistência no Estado de Ondo, na Nigéria, também dependia da mandioca para a alimentação e a geração de rendimentos. O Banco Mundial, num estudo sobre *revolucionários tranquilos,* descreveu a mandioca como uma "cultura da fome" (Banco Mundial, 1993). Acredita-se que a mandioca se tornou muito popular na África Subsaariana devido à sua facilidade de cultivo e adaptabilidade a uma grande variedade de solos, mesmo os marginais (Hahn, 1994). O milheto; 46% e o algodão; 3%, uma das principais culturas alimentares e de rendimento, diminuíram em importância relativa em comparação com a importância de 66% e 85% na década de 1960 (Ebanyat, 2009). Os agricultores atribuíram a sua relutância em cultivar algodão aos seguintes factores: diminuição dos rendimentos, baixos preços de mercado, tédio no cultivo, aumento do número de pragas e doenças do algodão, colapso das cooperativas que costumavam fornecer insumos e melhores preços de mercado e diminuição do tamanho da terra. Noutro local, Ebanyat (2009), na sua exposição sobre o caminho para a alimentação no distrito de Pallisa, argumentou que, no caso do milho painço, em particular, a mão de obra para a tediosa monda e colheita era organizada comunitariamente para se ajudarem uns aos outros (*'ebole'*). Isto era recompensado com uma refeição e uma bebida local (*'ajon'*) no fim da estação. No estudo atual, este tipo de construção social desapareceu gradualmente na comunidade porque o trabalho assalariado é agora predominante.

Como já foi referido, a diversidade de ameaças, como as alterações climáticas (variabilidade), a rutura dos laços sociais, as pragas e doenças, os elevados custos dos factores de produção, como pesticidas, sementes e plântulas, os mercados directos limitados para os produtos, os elevados custos de transporte e as disputas políticas ameaçam a espinha dorsal da existência da comunidade. A combinação destas e de outras ameaças tem afetado a produtividade e o rendimento das culturas e a saída do cultivo de pura subsistência. No entanto, a produtividade da produção de subsistência pode ser grandemente aumentada pela utilização de insumos e tecnologias melhorados, tais como sementes, fertilizantes, entre outros (Baiphethi e Jacobs, 2009). Além disso, a melhoria do acesso à água e o apoio adequado aos agricultores (através da extensão) também teriam impactos positivos e significativos na melhoria dos rendimentos dos agricultores de subsistência. Melhor ainda, a tecnologia com poucos factores de produção externos é vista como acessível aos agricultores de subsistência com poucos recursos e, por conseguinte, pode constituir a base para a formação humana e de capital (Tripp, 2006). Baiphethi e Jacobs (2009) também observaram que, para que os agricultores de subsistência com poucos recursos possam tirar partido das tecnologias, é necessário efetuar investimentos complementares, especialmente em extensão. Outra inovação importante para melhorar o acesso a tecnologias com poucos factores de produção externos seria o desenvolvimento de organizações de agricultores de base alargada, a fim de estimular uma abordagem orientada para a procura no que respeita à criação de tecnologias e à prestação de informações. Estas organizações de agricultores seriam importantes tendo em conta as enormes deficiências dos serviços de extensão agrícola que existem atualmente na comunidade local. O declínio do tamanho da terra na área é um outro constrangimento à produção, é isto que tem visto declínios na produtividade e declínio na cobertura vegetal, uma vez que o aumento dos rendimentos tem sido feito através do aumento da terra cultivável (Egeru e Majaliwa, 2009).

2.3.7 **Conclusões e recomendações**

O Banco Mundial propôs que a agricultura comercial e de subsistência dos pequenos agricultores pode tornar-se mais produtiva e sustentável através de, entre outras medidas: melhorar os incentivos aos preços e aumentar a qualidade e a quantidade do investimento público; fazer com que os mercados de produtos funcionem melhor; melhorar o acesso aos serviços financeiros e reduzir os riscos; melhorar o desempenho das organizações de produtores; e promover a inovação através da ciência e da tecnologia (Baiphethi e Jacobs, 2009). Estas sugestões têm, em última análise, de funcionar num quadro de sistemas responsáveis e politicamente organizados que tenham interesse em ver a sua população sair do marasmo do puro cultivo de subsistência que gera a pobreza rural. Por conseguinte, este estudo revelou que, para salvar os detentores de culturas de subsistência nas zonas rurais, como no sub-condado de Olio, no distrito de Serere, é imperativo mobilizar a comunidade sem colocar considerações políticas para se conseguir uma produção significativa. Os líderes políticos têm de fazer o que dizem e ser responsáveis perante as pessoas, em vez de "viverem à custa delas". É necessário criar mercados de insumos e de produtos que funcionem, pois eles ajudarão os agricultores a adquirir e a utilizar insumos melhorados, bem como a comercializar os seus produtos. É também vital galvanizar os esforços no âmbito da Gestão Integrada do Solo e da Fertilidade (ISFM), em primeiro lugar através do reforço da ação comunitária, utilizando as estruturas já existentes, tais como os Comités de Desenvolvimento Paroquial (PDC). As plataformas inovadoras para meios de subsistência sustentáveis constituiriam também uma outra dimensão para ajudar estes agricultores de subsistência, especialmente porque a Investigação Agrícola Integrada para o Desenvolvimento (IAR4D) lida com uma multiplicidade de objectivos, como o aumento da produtividade, a aversão ao risco e a variabilidade climática, o que garante a utilização de intervenções dualistas multifacetadas para ajudar os agricultores de subsistência.

2.4 Reconhecimento

O financiamento para este trabalho veio da generosa contribuição do Fórum da Universidade Regional para o Reforço de Capacidades na Agricultura (RUFORUM) e da Agricultural Innovations in Dryland Africa (AIDA). O meu apreço é ainda extensivo aos indivíduos cujos trabalhos foram citados neste documento. Estou em dívida para com os agregados familiares de produtores de subsistência que deram tempo aos assistentes de investigação para serem entrevistados.

Capítulo 3

Determinantes da procura de lenha por parte dos agricultores de subsistência no sub-condado de Olio, Uganda Oriental

Egeru António

Faculdade de Educação e Estudos Externos, Escola de Educação da

Universidade de Makerere. P.O. Box 7062 Kampala, Uganda.

Tel: +256-782-616879/+256-702-966761

Correio eletrónico: egeru81@educ.mak.ac.ug

Resumo

A lenha é a principal fonte de energia doméstica nas zonas rurais do leste do Uganda. Compreender os factores determinantes da procura e a sua elasticidade é vital para ajudar na implementação de políticas de gestão de combustível. Determinei os principais factores que influenciam a procura de lenha entre os agregados familiares de subsistência no sub-condado de Olio e determinei a sua elasticidade utilizando os quadrados mínimos ordinários (OLS). Os resultados mostram que as despesas com alimentos por semana, a dimensão do agregado familiar, as despesas com carvão vegetal, o preço da lenha e o rendimento do agregado familiar são os principais factores determinantes da procura de lenha ($P<0,05$) no sub-condado de Olio, enquanto a distância percorrida pelos membros do agregado familiar para recolher lenha, a idade e o sexo do chefe do agregado familiar foram ($P<0,01$) estatisticamente significativos. Em termos de elasticidade, o preço da lenha (-1,77), a distância percorrida para a recolha de lenha (-1,59), a recolha de lenha por mulheres adultas (-4,26), as despesas com carvão vegetal (-6,35), foram estabelecidas como tendo uma elasticidade negativa, enquanto o tamanho do agregado familiar (4,96) e as despesas com alimentos por semana (4,65) registaram uma elasticidade positiva. Estas elasticidades são ligeiramente mais elevadas do que as observadas noutros estudos no Sudeste Asiático. Por conseguinte, as intervenções no domínio do consumo elevado de lenha devem centrar-se em intervenções do lado da procura que procurem maximizar os benefícios obtidos com o consumo semanal de lenha (≈62 Kgs) e mensal de carvão vegetal (≈51,2 Kgs).

Palavras-chave: procura, determinantes, elasticidade, madeira para combustível, sub-condado de Olio, Uganda

3.0 Introdução

A lenha é uma importante fonte de energia em todo o mundo (Thomas, *et al.;* 2007), mais de dois mil milhões de pessoas satisfazem as suas necessidades energéticas domésticas através da biomassa-lenha, resíduos agrícolas e resíduos animais como o estrume (IEA, 2002; Adetunji, *et al.,* 2007; Bensel, 2008). A maioria destas pessoas vive nas zonas rurais dos países do terceiro mundo (Nirmal *et al.,* 2009), por exemplo, a lenha satisfaz mais de 85% das necessidades energéticas nas zonas rurais da África Subsariana e da América Latina (Bensel, 2008). Especificamente, no Quénia, representa mais de 90% do consumo de energia dos agregados familiares rurais (Mahiri e Howorth, 2001), enquanto no Uganda, mais de 95% dos agregados familiares utilizam a lenha para fins domésticos e para a transformação em pequena escala, como o fabrico de tijolos e telhas, a transformação agrícola, a panificação e a transformação de peixe (Tabuti *et al.*, 2003; Yikii *et al.*, 2006). De acordo com as projecções do Gabinete de Estatísticas do Uganda (UBOS, 2006), a lenha continuará a fornecer mais de 75% do consumo total de energia no ano de 2015, com um consumo anual sem recuo de cerca de 18 milhões de toneladas de lenha e quase 500 000 toneladas de carvão vegetal. Além disso, durante um período de cerca de 10 anos, o valor nominal total aumentou 81,6%, passando de 18,0 mil milhões de xelins do Uganda (Shs). 18,0 mil milhões em 1996/1997 para Shs. 32,7 mil milhões em 2005/2006. O valor do consumo de carvão vegetal mais do que duplicou, enquanto o valor do consumo de lenha aumentou 67,7% no mesmo período (UBOS, 2008), estes crescimentos indicam que o país pode estar a entrar numa fase de défice.

Embora o Uganda seja rico em energias novas e renováveis, a dependência excessiva da biomassa torna o país paradoxalmente pobre em energia (MFPED, 2006). A pobreza energética é a ausência de escolha suficiente no acesso a serviços de energia adequados, acessíveis, fiáveis, de qualidade, seguros e ambientalmente benignos para apoiar o desenvolvimento económico e humano (MEMD, 2002). A dependência excessiva e a utilização ineficiente são o pano de fundo das iniciativas do governo e do sector privado, tais como a formação em construção e utilização eficientes de fogões de pedra, a construção de fornos e a recolha de lenha das plantações, bem como a substituição de combustíveis. A elevada dependência (mais de 90%) e a utilização ineficiente de lenha ainda persistem nos distritos de terras secas do Uganda Oriental, como Bugiri, Iganga, Kamuli, Pallisa, Jinja, Kapchorwa, Mbale, Katakwi, Amuria, Kaberamaido, Tororo e Soroti (UBOS, 2007; ProudLock, 2007). Atualmente, algumas famílias nestes distritos gastam 1.000 Shs do Uganda (0,53 dólares americanos) em lenha todos os dias, mas um número substancial (36%) vive com menos de um dólar por dia (Nafula, 2008; UBOS, 2009). O aumento da população, que deverá atingir 130 milhões de habitantes em 2050, quase cinco vezes mais do que o número atual, representa um desafio ainda maior. O Fundo das Nações Unidas para a População (PNUA, 2005) prevê que a madeira disponível diminua assim um terço por pessoa.

3.1 Determinantes da procura de madeira para combustível

Apesar do conhecimento estatístico sobre o número de pessoas que dependem da lenha a nível distrital no Uganda, não é um facto bem conhecido o que determina a procura de lenha nas famílias rurais. Lefevre et al. (1997) observaram que o tamanho do agregado familiar é um fator determinante do consumo de energia do agregado familiar mais importante do que o rendimento. Este fator é responsável por um maior consumo total de energia nos agregados familiares com rendimentos elevados. O consumo de energia per capita aumenta com o aumento do tamanho do agregado familiar (UNEP, 2005; Opiro, 2006). Isto deve-se ao aumento da procura e do número de trabalhadores disponíveis para a recolha de lenha (Macht et al., 2007); no entanto, Skog (1993), num estudo anterior, argumentou que a utilização de lenha por agregado familiar diminui com o aumento da população e aumenta com o aumento do rendimento.

Num estudo realizado na Tanzânia, Masayanyika (2000) observou que a idade do chefe do agregado familiar era relevante e estava positivamente relacionada com a quota-parte do orçamento para a lenha. Isto deve-se ao facto de a propensão para adotar novas tecnologias variar com a idade. Argumentou que os jovens têm mais facilidade em adotar novas tecnologias, enquanto as pessoas mais velhas tendem a manter os velhos modos de vida e resistem à mudança para fontes comerciais alternativas de energia, o que aumenta a parte do orçamento.

A lenha reflecte opções muito limitadas de fontes de energia a preços "razoáveis". As populações rurais de baixo rendimento ou de subsistência simplesmente não têm "opções" no que respeita à energia; utilizam a lenha ou passam sem ela. A procura a este nível básico é quase perfeitamente inelástica. O custo (mesmo que apenas implícito em termos de tempo de recolha) não afecta materialmente a quantidade consumida (FAO, 1991). A elasticidade direta do preço da lenha é geralmente negativa, mas varia muito, em parte devido às diferentes necessidades energéticas e à disponibilidade de substitutos nas diferentes regiões (Hyde e Kohlin, 2000). Cooke (2008) defende que a procura de lenha é geralmente inelástica em relação ao próprio preço. Isto implica que a quantidade de lenha procurada não reage muito bem a uma alteração do preço da lenha. Por conseguinte, o aumento da escassez de lenha induz uma redução do consumo de lenha, embora essa redução possa ser pequena.

A energia tem uma correlação direta com o rendimento; pode afetar tanto a nível macro como micro. Além disso, nos países em desenvolvimento, os rendimentos auferidos pelas comunidades rurais pobres são, na sua maioria, não monetários e difíceis de quantificar, não sendo registados. Victor e Elias (2005) opinaram que a variação das despesas poderia ser utilizada como um indicador do rendimento. No entanto, Leiwen e O'Neill (2003) encontraram uma correlação entre o rendimento e a despesa inferior a um (apenas 0,516). A lenha é a energia menos preferida, pelo que, à medida que o rendimento muda (aumenta), as pessoas preferem mudar para recursos energéticos mais modernos.

Lefevre et al. (1997) tinham argumentado anteriormente que o consumo de lenha no agregado familiar tende a diminuir em proporção relativamente a outros combustíveis à medida que o rendimento do agregado familiar aumenta. Isto é verdade para as famílias urbanas e rurais. No entanto, a diminuição do consumo relativo é mais acentuada nas zonas urbanas. Este facto foi atribuído ao aumento do número de opções de escolha devido ao rendimento mais elevado. Nos agregados familiares com rendimentos elevados, o ato de cozinhar, que consome a maior parte da lenha, diminui em importância relativa à medida que as necessidades energéticas do agregado familiar se tornam mais sofisticadas. Vários cientistas argumentam que os baixos rendimentos restringem a capacidade das pessoas de comprar qualquer outro tipo de combustível. Estes agregados familiares utilizam madeira, resíduos de culturas, estrume seco, galhos, erva ou qualquer outra fonte de energia que possa ser recolhida livremente (Shittu et al., 2004; Ouedraogo, 2005 e Opiro, 2006).

É muito difícil separar o tipo de combustível e o equipamento de utilização final utilizado pelos agregados familiares, uma vez que a escolha do primeiro determina o segundo (Weitner e Kramer, 2007). Na maioria dos casos, a decisão de utilizar um determinado combustível é tomada em primeiro lugar, seguindo-se a escolha do equipamento de utilização final (Nigel et al., 2008). Em qualquer caso, dado um determinado combustível e equipamento, o consumo é obviamente afetado pela eficiência do equipamento de utilização final (Theuri, 2003). Um equipamento eficiente consumirá menos combustível do que um equipamento ineficiente para a mesma produção de energia. Por exemplo, um estudo sobre a eficiência de vários equipamentos de cozinha através de testes laboratoriais e testes de campo estabeleceu que, ao usar lenha para cozinhar: o fogo aberto usando panelas de barro tinha 5-10 % de eficiência, o fogo aberto usando utensílios de alumínio produzia 18-24 % para o teste de laboratório, enquanto tinha 13-15 % de eficiência no teste de campo.

Os fornos de chão tinham uma eficiência de 3-6%, enquanto os fogões de barro tinham 11-23% no teste de laboratório e 8-14% no teste de campo. Por outro lado, um agregado familiar que utilizava carvão vegetal para cozinhar tinha os seus fogões de barro com um nível de eficiência de 15-25% em comparação com o teste laboratorial de 20-36%. Os que utilizavam fogões de metal tinham uma eficiência de 20-35%, em comparação com um teste de laboratório de 18-30% (Lefevre et al., 1997). Vários cientistas afirmam que os fogões melhorados são concebidos para reduzir a perda de calor, diminuir a poluição do ar interior, aumentar a eficiência da combustão e obter uma maior transferência de calor, o que resulta em poupanças na quantidade de combustível utilizado (Karekezi e Ranja, 1997; Masera et al., 2000).

Como se viu acima, o equipamento para cozinhar também determina a quantidade de lenha necessária, o que levanta uma questão de procura. Os fogos abertos, devido a uma baixa taxa de eficiência energética, estimada entre 6-10%, aumentam a quantidade de lenha queimada. Os fogões melhorados, por outro lado, reduzem o tempo utilizado na recolha de combustível e a quantidade de lenha necessária (Lefevre et al., 1997). Por conseguinte, os ganhos ambientais são: redução do consumo de lenha (Boiling Point, 1999). Num estudo realizado na Tanzânia, a Sun Seed Tanzania Trust verificou que o fogão de combustão eficiente Lorena queima madeira 50% mais eficientemente do que os fogos de 3 pedras. No Darfur, um Tara modificado mostrou um desempenho superior ao dos fogões de três pedras de fogo aberto (Smith, 2007). Isto significa que é necessário o dobro da quantidade de lenha para cozinhar uma refeição na fogueira de 3 pedras do que para cozinhar a mesma refeição no fogão Lorena. De igual modo, o fogo arde mais facilmente no fogão Lorena, pelo que as mulheres podem passar menos tempo a tratar do fogo enquanto cozinham e as árduas tarefas de recolha de lenha são reduzidas para metade (Theuri, 2003; Smith, 2007 e Bikash, 2009). Esta diversidade de factores determinantes da procura de lenha permitiu estabelecer os principais factores determinantes da procura de lenha no sub-condado de Olio, de modo a poder tomar as intervenções necessárias para garantir a redução do consumo e aumentar a sustentabilidade.

3.2 Quadro teórico

Esta secção apresenta o modelo subjacente à estratégia de estimação. Uma família escolhe um pacote de bens que maximiza a sua utilidade, sujeita a uma restrição orçamental. Formalmente;

$$MaxU_{iv}\left(x_1, x_2, x_3, \cdots, x_n\right) \ S.t \quad \sum_{i=1}^{n} p_i x_i \leq M_{iv} \qquad \qquad (1)$$

Onde:
U = a função de utilidade do agregado familiar
xs = os bens que um agregado familiar escolhe.
P = preço
M = rendimento do agregado familiar.
i = agregado i
v = aldeia v

A solução para o problema acima apresentado produz funções de procura normais (walrasianas) para os bens x^1, x2, x3,' x^n. As funções de procura normais dependerão dos preços dos bens, do rendimento do agregado familiar e de outras características específicas do agregado familiar. Um destes bens é a lenha. A função da procura de lenha é especificada como:

$$D^F = f(P, M, A) \qquad \qquad (2)$$

Neste caso, P é um vetor de preços dos produtos de base; M é o rendimento do agregado familiar e A representa as características específicas do agregado familiar. O rendimento do agregado familiar (pj) é a soma do rendimento fixo (pensões,

salários dos membros com emprego permanente e rendimentos do trabalho por conta de outrem), remessas e rendimentos do trabalho por conta própria. O preço atual do aluguer de uma casa permanente, semi-permanente ou temporária foi utilizado como substituto para determinar o custo da satisfação com a casa.

As características específicas do agregado familiar incluem: o nível de educação do chefe do agregado familiar, o tempo gasto na recolha de lenha, o custo da lenha, as instalações para cozinhar, a distância da localização do agregado familiar em relação à fonte de lenha; o local de recolha; o tipo de emprego do chefe do agregado familiar, o sexo do chefe do agregado familiar; a idade e o estado civil do chefe do agregado familiar, o tamanho da terra do agregado familiar e o número de membros do agregado familiar. As variáveis dummies da aldeia são incluídas nas estimativas para captar as características específicas da aldeia dos agregados familiares, incluindo a disponibilidade de lenha, a estação do ano, as espécies de árvores e os locais de recolha. O sinal dado à variável é positivo (+) ou negativo (-) para representar uma resposta positiva ou negativa (elasticidade) à procura de lenha.

3.3 Materiais e métodos

3.3.1 Área de estudo

O estudo foi efectuado no distrito de Soroti, sub-condado de Olio, localizado entre 1°28N, 33°00E e 2°02N, 33°31E. O distrito está inteiramente localizado numa zona semi-árida (terras secas) dominada por prados de savana caracterizados por espécies espinhosas de *Accacia*. As terras agrícolas húmidas do Norte e as terras de arbustos agrícolas do Centro-Norte com solos arenosos são as principais unidades agrícolas.

O sub-condado de Olio tinha uma população estimada em 24.820 habitantes em 2002, dos quais Akoboi tinha 3565, Oburin 7126, Okulonyo 7183 e Osuguro 6946 (UBOS, 2002). A densidade é de 151 pessoas por quilómetro quadrado e a taxa de crescimento é de 5,1% por ano. As crianças com menos de 18 anos constituem 56% da população e a dependência da agricultura de subsistência é de 76%. Os níveis de alfabetização situam-se em 65% da população com 10 anos ou mais, o rácio entre os sexos é de 95 mulheres por 100 homens, a dimensão média dos agregados familiares é de 5,2 pessoas e 68% têm acesso a água potável (UBOS, 2007).

Os Iteso e os Kumam são os povos indígenas de Olio; outras comunidades tribais, como os Bakenyi, coexistem com os Iteso (Okori et al., 2002). Trata-se sobretudo de uma comunidade agrícola que pratica culturas de subsistência como principal fonte de subsistência. Também criam algum gado, embora este tenha diminuído de importância devido à insurreição e ao roubo de gado que se registaram na região.

3.3.2 Inquérito aos agregados familiares

Durante um período de catorze (14) dias, foram visitados 490 agregados familiares, sendo Akoboi 72 agregados familiares (14,7%), Osuguro 137 (28%), Okulonyo 141 agregados familiares (28,8%)

e Oburin 140 agregados familiares (28,6%). Os questionários estruturados (*apêndice A*) foram administrados a agregados familiares seleccionados aleatoriamente (amostragem sistemática de cada 10 agregados familiares) através de entrevista guiada. A informação sobre a lenha foi procurada principalmente junto das donas de casa e das mulheres nos agregados familiares, porque é da responsabilidade tradicional das mulheres tratar dos assuntos relacionados com a lenha. Outras informações sobre os agregados familiares foram facilmente obtidas dos chefes dos agregados familiares, quer fossem homens ou mulheres.

O inquérito obteve especificamente dados sobre os factores determinantes da procura de lenha, tais como o sexo do chefe do agregado familiar, a idade do chefe do agregado familiar, o estado civil do chefe do agregado familiar, o número de membros do agregado familiar, a estrutura etária dos membros do agregado familiar, o rendimento, a taxa de salário, o emprego, a distância do agregado familiar da fonte de lenha, as instalações para cozinhar, o local de recolha, o custo da lenha e a estação do ano em que se utiliza mais lenha. Estes dados foram utilizados para determinar as características socioeconómicas e as condições demográficas que influenciam a procura de lenha.

3.3.3 Pesagem da lenha

Os feixes de lenha nos agregados familiares foram pesados utilizando uma balança de medição suspensa (100 kg) (Placas 3.1 e 3.2) para estabelecer a quantidade de lenha e carvão vegetal utilizados pelo agregado familiar em unidades padrão (quilogramas). Estes pesos das amostras foram depois somados e o peso médio da lenha utilizada pelo agregado familiar foi obtido em quilogramas. Ao mesmo tempo, foram efectuadas observações de campo durante o período de estudo. Foi utilizada uma máquina fotográfica digital como instrumento de observação no terreno para registar a natureza das instalações de cozinha dos agregados familiares, o processo de colheita de lenha e os pontos de comércio, em especial os depósitos de lenha e de carvão. Isto forneceu informações suplementares para a realização dos objectivos.

Placa 3.   1Madeira para

combustível   a ser   pesada na aldeia de Kakusi

Placa 3.2 Um saco de carvão vegetal a ser pesado na aldeia de Ojeburun

Fonte: Autor, dezembro de 2008

3.3. 4Determinação do preço da madeira para combustível

Dado que é difícil fixar o preço do feixe de lenha, porque mais ou menos toda a gente recolhe a partir dos recursos comunitários. Por conseguinte, foi calculada uma variável "o custo de oportunidade da recolha de lenha" como o número de feixes recolhidos dividido pelo tempo de recolha (horas) multiplicado pela taxa de salário. O custo de oportunidade ou custo de recolha é o custo de horas por feixe convertido em dinheiro pela taxa de salário. As taxas salariais eram as mesmas em cada aldeia, mas os salários diferiam consoante as aldeias.

3.3.5Estimativa   da elasticidade da procura de lenha

A regressão por mínimos quadrados ordinários (OLS) foi utilizada para estimar a elasticidade da procura de lenha. O modelo logit linear de Tyrrel e Mount (1982) foi preferido porque permite a incorporação das variáveis socioeconómicas das famílias numa função de procura logarítmica típica. Dado que os coeficientes logarítmicos são também elasticidades, o duplo logaritmo foi introduzido na função de procura normal (walrasiana) através da transformação das variáveis. Consequentemente, assumiu-se que a procura de lenha era uma função log-linear de mais variáveis independentes. Estas variáveis foram incorporadas no modelo empírico e a função linearizada D^F assumiu a forma funcional padrão de:

$$D^F = Bo + \log P + \log M + \log A$$

Onde, P é o logaritmo dos preços dos géneros alimentícios, dos cuidados médicos, da lenha e do carvão vegetal. M é o logaritmo do rendimento do agregado familiar, e A é o logaritmo das características específicas do agregado familiar, incluindo a idade do chefe do agregado familiar, os anos de escolaridade, o número de membros do agregado familiar, o número de refeições cozinhadas por dia, o custo do fogão melhorado, o tempo necessário para recolher lenha, a distância percorrida desde a residência até à fonte.

3.4 Conclusões e discussões

3.4.1 Consumo per capita de lenha e carvão vegetal na Subprefeitura de Olio

O consumo médio anual de lenha foi estimado em 3687,84 Kgs, o que se traduz em 542,32 Kgs per capita de lenha consumida pelo agregado familiar (Figura 3.1). Este valor é ligeiramente inferior aos 629 Kgs per capita de madeira por ano registados por Buyinza e Teera, (2008) em Hoima e aos 687 Kgs observados por Williams e Shackleton (2002) em doze estudos na África do Sul. Por outro lado, Kalumian e Kisakye (2001) registaram um consumo inferior de 485 Kgs per capita nos distritos de Nakasongola e Masindi. Estes desenvolvimentos podem ser atribuídos a variações na confeção de alimentos nestas regiões, por exemplo, em Hoima, onde se come banana-da-terra (*matoke*), a preparação requer mais horas de cozedura, o que influencia a quantidade de lenha utilizada, em comparação com Olio, onde se prepara pão de milho (*atap*).

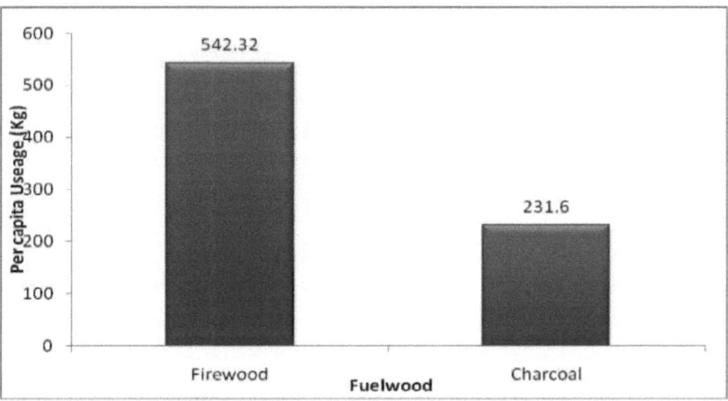

Figura 3.1: Consumo per capita de lenha e carvão vegetal (N=490)
Fonte: Autor junho de 2010

O consumo de carvão vegetal per capita em média foi de 231,6 Kgs, o que se traduz em aproximadamente 0,64 Kgs por dia. Este valor é ligeiramente inferior às conclusões de Begumana (1996) em Tororo e Mubende, em que o consumo doméstico per capita foi estimado em 0,77 Kgs, enquanto é superior a 156 Kgs nas zonas urbanas e 152 Kgs nas zonas rurais do Quénia (Theuri, 2003). Estas variações podem ser o resultado do elevado desenvolvimento e utilização de fogões eficientes em termos de combustível, tais como o

Hyenya, Lira upesi, Kimaki jiko, Maendeleo, e fogão Jiko no Quénia. Estes fogões atingem uma eficiência elevada através de uma combustão mais completa do combustível e de uma transferência máxima de calor para as panelas. Isto reduz a quantidade de lenha necessária para cozinhar

(Woomer et al., 2007).

3.4.2 O lugar do carvão vegetal como combustível entre os agregados familiares no sub-condado de Olio

O carvão vegetal foi reconhecido como a principal fonte de combustível ocasionalmente por 34,3% dos agregados familiares. Em média, os agregados familiares queimaram 19,3 kg por mês, o que corresponde a cerca de 0,64 kg por dia. Este peso de utilização aparentemente baixo deve-se à não dependência total do carvão vegetal para todas as necessidades de cozinha e aquecimento (empilhamento de combustível). Esta constatação é ligeiramente inferior às constatações feitas por Begumana (1996) nos Distritos de Tororo e Mubende, onde o consumo per capita das famílias foi estimado em 0,77 kg. Um saco de carvão vegetal com um peso médio de 51,25 quilogramas custa 10.000 xelins (5,71 dólares), cuja produção é em grande parte gratuita, exceto o equipamento de produção, como os machados.

Van der Plas (1995) argumentou que a procura de carvão vegetal entre os habitantes das cidades cria grandes incentivos para uma produção não sustentável. Além disso, a desflorestação e a queima de madeira para produzir carvão vegetal sem estratégias adequadas de plantação de árvores também provocam emissões de dióxido de carbono. Com o preço do carvão vegetal refletido, é provável que as famílias atingidas pela pobreza sejam atraídas para a produção de carvão vegetal. Entretanto, os agregados familiares que utilizaram carvão argumentaram que: cozinhar com carvão é mais fácil e mais limpo do que com lenha e resíduos de colheitas, está na moda porque o carvão produz menos fumo do que a lenha, o carvão pode ser facilmente armazenado durante longos períodos de tempo, a comida não tem fumo e o carvão dá ao agregado familiar um estatuto social elevado na comunidade. No entanto, de acordo com Kouamil et al. (2009) num estudo togolês, a produção e utilização contínuas de carvão vegetal têm um efeito negativo nos ecossistemas arbóreos naturais, incluindo o esgotamento da biodiversidade e das características dendrométricas (densidade, altura, diâmetro dos povoamentos e área basal) das espécies lenhosas.

3.4.3 Utilização de eletricidade pelos agregados familiares no sub-condado de Olio

A eletricidade era utilizada por 4,7% dos agregados familiares. Isto está acima da média distrital de menos de 1% (Figura 3.2). Havia 5,1% de agregados familiares que usavam querosene e eletricidade para iluminação, enquanto o preço médio pago pelo uso da eletricidade era de Ugs.771,4/= por mês. Este baixo custo não deve ser confundido com tarifas de eletricidade baixas, mas é o resultado de poucos agregados familiares na área usarem eletricidade. A paróquia de Akoboi, por outro lado, registou 100% de não utilização de eletricidade porque não há extensão da rede nacional para a área.

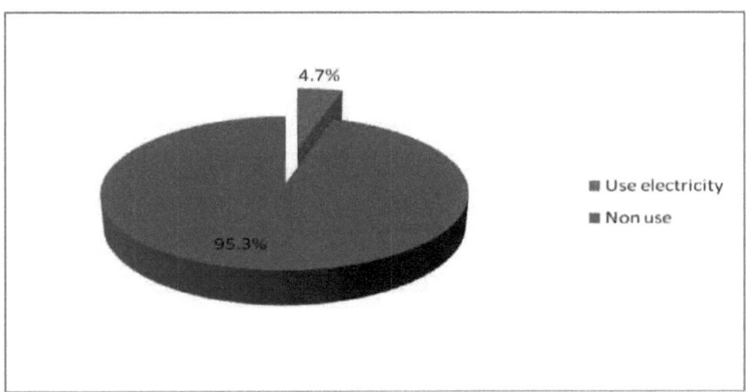

Figura 3.2: Utilização da eletricidade pelo agregado familiar (N=490)
Fonte: Autor junho de 2010

Esta situação prejudica a ligação desenvolvida entre os ODM e os objectivos do PAEP, que salientam que a energia eléctrica é essencial para o desenvolvimento da indústria e dos serviços modernos. Além disso, desempenha um papel importante no desenvolvimento rural através do apoio a actividades como a transformação agrícola, a exploração mineira e a conservação do peixe (MFPED, 2004). De acordo com o MFPED (2006), para atingir o ODM1 de reduzir a pobreza extrema e a fome é necessário ter acesso a combustíveis e tecnologias fiáveis e mais eficientes. Isto destina-se a melhorar o desenvolvimento empresarial e a aumentar a produtividade das empresas e de outras actividades geradoras de rendimentos.

3.4.4 Instalações de cozinha e conhecimento de técnicas de cozinha melhoradas (fogões)

Os três fogões de pedra predominam (88%) como equipamento de cozinha. 11% utilizavam um fogão a carvão e apenas 1% recorria a um fogão melhorado e eficiente em termos de combustível (Figura 3.3). Os fogões de três pedras têm uma eficiência térmica muito baixa (Wiskerke, 2008). Isto reflecte o fracasso dos governos como parte no cumprimento dos seus compromissos com o Protocolo de Quioto Artigo 2: 1 (a) i (melhoria da eficiência energética em sectores relevantes da economia nacional). Estas conclusões são também comparáveis às conclusões de 2006 no Quénia, onde 87,5% da população utiliza fogões de três pedras (Austin et al., 2009).

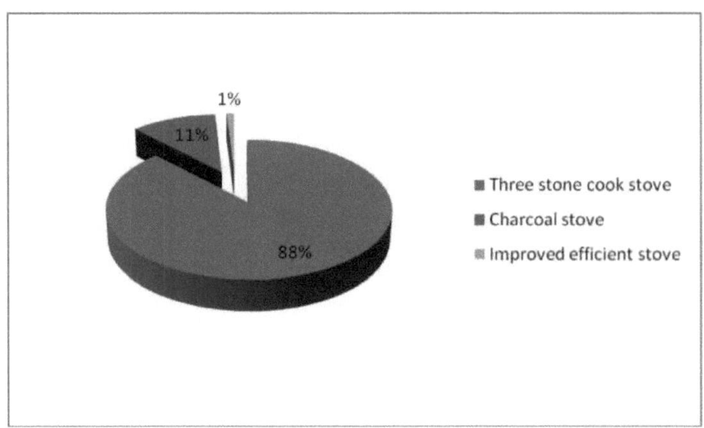

Figura 3.3: Tipo de fogão utilizado pelos agregados familiares em Olio (N=490)
Fonte: Autor junho de 2010

Um número considerável de agregados familiares tinha um abrigo temporário construído como local de cozedura (77,3%) para servir de cozinha. 16,1% cozinhavam ao ar livre (inclusive na varanda) e 6,5% cozinhavam tanto na cozinha como ao ar livre (Figura 3.4). A utilização de fogos ao ar livre e de abrigos de cozinha mal ventilados expõe as mulheres e raparigas que cozinham principalmente à poluição do ar interior. Sabe-se que a poluição do ar interior tem efeitos como as Infecções Respiratórias Agudas (IRA) e a asma crónica, a visão e problemas de doença pulmonar crónica (Kubasu, 2007).

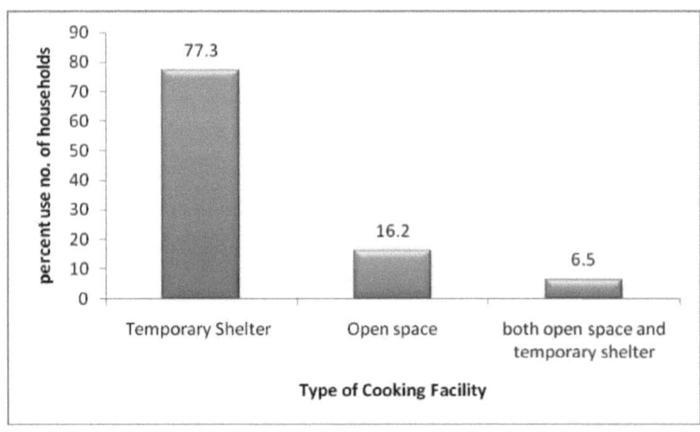

Figura 3.4: Instalação de cozinha do agregado familiar (N=490)
Fonte: Autor junho de 2010

Um número moderado de chefes de família tinha conhecimento da tecnologia de poupança de combustível (FSTs); 54,3 %. A maioria, 35%, obteve esta informação da sua comunidade, 15,5% da Organização Não-Governamental local, especialmente da SOCADIDO. O uso de FSTs entre os agregados familiares é muito limitado, 99% dos agregados familiares não usaram FSTs. A incapacidade de construir os FSTs foi uma das razões dadas por 33,3% dos agregados familiares para a não utilização. Outras razões incluíram: nunca ouviram falar de FSTs (22,2%), falta de acesso (17,8%), os FSTs portáteis foram roubados, o seu custo é demasiado elevado e alguns dos FSTs fabricados localmente têm mitos associados; que estão associados a bombas, uma consequência do passado turbulento.

3.5 Determinantes da procura de lenha no sub-condado de Olio

O estudo procurou identificar os principais factores que influenciam a procura de lenha no subcondado de Olio. Verificou-se que os principais factores determinantes da procura de lenha ($P<0,05$) incluem: despesas com alimentos por semana (compra de mais alimentos no agregado familiar), tamanho do agregado familiar, despesas com carvão vegetal (agregado familiar que utiliza carvão vegetal), preço da lenha e rendimento do agregado familiar. A distância percorrida pelos membros do agregado familiar para recolher lenha não foi estatisticamente significativa, mas registou o sinal de elasticidade esperado com R^2 0,560 e N= 462 (Tabela 3.1). Por outro lado, a estação do ano, a utilização de lenha e a idade do chefe do agregado familiar não foram determinantes estatisticamente significativos ($P<0,05$) da procura de lenha.

Tabela 3.1: Principais factores determinantes da procura de lenha

Determinants	Level of influence at 1%	t-Statistic	p-Value
Constant	3.97	62.691	0.000
Price of Fuel wood	-1.77	-11.545	0.000
Distance Moved	-1.59	-1.539	0.124
Household Size	4.96	8.226	0.000
Expenditure on Food per Week	4.65	4.783	0.000
Collection by Adult Females	-4.26	-3.358	0.001
Household Income	-3.10	-2.925	0.004
Expenditure on Charcoal.	-6.35	-1.935	0.054

R2 = 0,560, N = 462 **Fonte:** Autor fevereiro de 2009

Um aumento unitário na despesa alimentar semanal aumentou a procura de lenha com uma margem de fator de 4,7% (Quadro 3.1). Isto significa que um aumento na quantidade de alimentos leva a um aumento na procura de lenha. Isto pode ser atribuído ao facto de que um aumento nos tipos de alimentos e na quantidade consumida requer mais lenha para ser queimada. Isto indica que a lenha e o consumo de alimentos são complementares e estão diretamente relacionados. Em dois estudos efectuados por Israel (2002) e Chaudhuri e Pfaff (2003), verificou-se que o efeito das despesas das famílias no consumo de lenha pode ser decomposto nas decisões de usar ou não lenha como combustível e na quantidade de lenha a usar, condicionada ao seu uso. Ambos os estudos concluíram que o aumento das despesas (como indicador do rendimento) diminui a probabilidade de utilização de lenha, mas, para os que utilizam lenha, o aumento das despesas em artigos como a alimentação conduz a um consumo mais elevado. Gbetnkom (2007), por outro lado, argumentou que é o fornecimento de lenha que influencia a quantidade de alimentos fornecidos ou cozinhados.

A dimensão do agregado familiar aumentou a quantidade de lenha procurada em 4,9% (Quadro 3.1). Isto deve-se ao aumento da quantidade e da frequência com que se cozinha num agregado familiar associado a uma grande dimensão. A falta de cuidado das pessoas envolvidas na cozedura pode ser outra razão. Este facto corrobora as conclusões do PNUA (2005) e de Opiro (2006), onde se afirma que o consumo de energia per capita aumenta com o aumento da dimensão do agregado familiar. Corrobora ainda as conclusões de Macht et al. (2007), segundo as quais se espera que a dimensão do agregado familiar aumente o consumo de lenha devido ao aumento da procura e dos trabalhadores disponíveis para a recolha de lenha. No entanto, discorda de Skog (1993), que argumentou que a utilização de lenha por agregado familiar diminui com o aumento da população.

Por outro lado, verificou-se que um aumento unitário do preço da lenha reduzia a procura de lenha em 1,77% (Quadro 3.1). Isto foi atribuído ao facto de os colectores domésticos de lenha incorrerem num custo de oportunidade mais elevado durante a recolha de lenha. Este facto está de acordo com a teoria da procura baseada nas curvas de Engel e reflecte uma maior escassez económica de lenha (Cooke et al., 2008). Não é surpreendente que as famílias rurais sejam sensíveis aos choques de preços, apesar do facto de recolherem lenha de recursos de acesso livre. Por conseguinte, se os preços continuarem a subir (os custos de oportunidade aumentam), pode ser inevitável uma mudança para biomassa de qualidade inferior. Isto poderia explicar, em parte, a dependência já crescente de 60% dos agregados familiares em relação aos resíduos de culturas.

Verificou-se que um agregado familiar que comprava carvão vegetal (consumia carvão vegetal) procurava menos lenha numa margem de 6,35%. Isto mostra que a lenha e o carvão vegetal são substitutos próximos. O carvão vegetal pode ser visto como um bem superior, enquanto a lenha é um bem inferior. Este facto corrobora as discussões feitas por vários cientistas (por exemplo, Baland et al., 2007; Yamamoto et al., 2009), pelo que apresenta uma oportunidade para um olhar crítico sobre a questão da função de substituição. Sugere que estes agregados familiares são agregados familiares de transição na "hipótese da escada energética" (Heruela e Wickramasinghe, 2008). Além disso, haverá uma mudança para o carvão vegetal à medida que a madeira combustível que pode ser recolhida livremente se torna escassa, à medida que o estilo de vida urbano evolui, à medida que a distância até às fontes de recolha aumenta, à medida que os conflitos aumentam nas fontes de recolha de madeira combustível e à medida que a orientação para o mercado assume um papel central no fornecimento de madeira combustível.

No entanto, Austin et al. (2009) opina que são as características do carvão vegetal que o tornam mais desejável como combustível para cozinhar do que a lenha. O carvão vegetal emite menos poluentes, tem um teor energético mais elevado e é mais fácil de transportar (COMPETE, 2009). Consequentemente, as árvores antigas remanescentes serão abatidas para a produção de carvão vegetal, deixando a área exposta. Isto tem consequências para a superfície terrestre, que incluem: perda de nutrientes do solo, perda de biodiversidade à superfície e abaixo do solo, alteração do ecossistema e migração da fauna, perda de plantas herbáceas que causarão uma reorientação cultural, que são externalidades negativas para a comunidade.

Um aumento unitário do rendimento do agregado familiar levou a uma redução de 3,10% na procura de lenha. Isto mostra que os agregados familiares com rendimentos relativamente elevados podem passar a utilizar combustíveis alternativos superiores para satisfazer as suas necessidades energéticas, em comparação com os agregados familiares com baixos rendimentos. De acordo com Leiwen e O'Neill (2003), a lenha é a energia menos preferida à medida que o rendimento muda (aumenta). Além disso, o consumo de lenha no agregado familiar tende a diminuir em relação a outros combustíveis à medida que o rendimento aumenta (Lefevre et al., 1997). Isto deve-se ao facto de as pessoas preferirem mudar para recursos energéticos mais modernos e mais limpos.

A recolha de lenha por mulheres adultas no agregado familiar foi significativa (P<0,05) na influência da procura. Revelou que a procura diminuiu 4,3% nos agregados familiares onde a lenha era recolhida por mulheres adultas. Sendo os utilizadores finais, são eles que suportam totalmente os encargos da recolha. Este processo expõe-nas a numerosos riscos, como cortes, mordeduras de animais, dores de costas, conflitos, violência e exaustão. Em casos extremos, os riscos de proteção, como a perseguição e a violação de mulheres e crianças, são observados em Karamoja (Mariangela, 2009). Por conseguinte, a elasticidade negativa é talvez uma resposta para minimizar a frequência da exposição aos riscos identificados.

Embora não seja estatisticamente significativo (*P<0,05*), um aumento unitário na distância percorrida pelos membros do agregado familiar reduziu a procura de lenha em 1,59% da margem do fator (Tabela 3.1). Este facto oferece uma perspetiva sobre a ideia de mudar para outras formas de biomassa. Pode explicar por que razão há um número relativamente elevado (60%) de agregados familiares que declararam que os resíduos de culturas constituem uma parte importante da sua fonte de combustível. Esta constatação corrobora os argumentos apresentados por Von Thunen (1780-1850), segundo os quais se registam reduções à medida que a distância aumenta, porque os custos de transporte sobem (Mahiri e Horworth, 2001).

3.6 Elasticidade dos factores determinantes da procura de lenha na Subprefeitura de Olio

O segundo objetivo deste estudo consistiu em estimar o grau de resposta (elasticidade) dos factores determinantes da procura de lenha. Os resultados revelam que os principais factores determinantes apresentaram coeficientes de elasticidade positivos e negativos. O preço da lenha (custo de oportunidade), a distância percorrida para a recolha de lenha, a recolha de lenha por mulheres adultas e as despesas com o carvão vegetal foram negativamente elásticos. Por outro lado, o tamanho do agregado familiar e a despesa em alimentos por semana foram positivamente elásticos (Quadro 3.2).

Quadro 3.2: Elasticidades dos factores determinantes da procura de lenha no sub-condado de Olio

Determinants	Elasticities	*t-Statistic*	*p-Value*
Constant	3.972	62.691	0.000
Price of Fuel wood	-1.770	-11.545	0.000
Distance Moved	-1.594	-1.539	0.124
Household Size	4.969	8.226	0.000
Expenditure on Food per Week	4.656	4.783	0.000
Collection by Adult Females	-4.269	-3.358	0.001
Household Income	-3.104	-2.925	0.004
Expenditure on Charcoal.	-6.350	-1.935	0.054

$R^2 = 0{,}560$, N = 462 **Fonte:** Autor fevereiro de 2009

O coeficiente de elasticidade dos preços da lenha foi de -1,8. Isto implica que a procura de lenha responde a alterações no próprio preço (custo de oportunidade) e é indicativa de uma escassez económica crescente. Este facto corrobora as conclusões anteriores de Newberry (1984) (citado em Foley, 1985), segundo as quais, embora o preço fosse negativamente elástico (-1,1), conduzia a uma redução da procura de lenha. No entanto, está em desacordo com as conclusões feitas por vários outros cientistas de que a lenha é inelástica em relação ao preço (Hyde e Kohlin, 2000; Arnold et al., 2003; Ohajianya, 2009). Está também em desacordo com a conclusão de Cutherbert e Dufournaud (1998) de que a lenha é um bem normal com base no coeficiente de elasticidade do modelo (-0,28). Estas diferenças podem ser explicadas por variações metodológicas, por exemplo: enquanto este estudo construiu uma variável para o preço como o custo de oportunidade da recolha de lenha, Hyde e Kohlin (2000) estimaram a elasticidade a partir de um mercado de lenha em bom funcionamento, em que os preços monetários reais da lenha são conhecidos.

O coeficiente de dimensão do agregado familiar foi de 4,9, o que significa que um aumento de 1% no número de membros do agregado familiar resultou num aumento de 4,9% na procura ($P<0{,}05$) de lenha. A procura de lenha em função da dimensão do agregado familiar é, portanto, elástica. Este facto corrobora os argumentos apresentados por Lefevre et al. (1997) de que a dimensão do agregado familiar é um determinante mais importante do consumo de energia do que o rendimento. Da mesma forma, o consumo de energia per capita aumenta com o aumento do tamanho do agregado familiar, porque se espera que aumente o consumo de lenha devido ao aumento da procura e da disponibilidade de trabalhadores para a recolha de lenha (UNEP, 2005; Opiro, 2006; Macht et al., 2007). No entanto, Skog (1993) argumentou que a utilização de lenha por agregado familiar diminui com o aumento da população e aumenta com o aumento do rendimento.

O rendimento das famílias foi elástico com coeficientes de -3,1. Isto sugere que um aumento de 1% no rendimento familiar resulta numa redução de 3,1% na procura de lenha. Isto indica que a lenha em Olio é considerada um bem inferior. Os chefes de família e as mulheres racionalizaram a utilização de combustíveis de transição, como o carvão vegetal (ver secção 4.2.3). O símbolo de elasticidade negativa corrobora as conclusões de Largo (2009) e Gbaguidi (2008), mas o coeficiente atual neste estudo é mais elevado do que o destes dois estudos. Esta constatação está em desacordo com a conclusão de Cutherbert e Dufournaud (1998) de que a lenha é um bem superior na África Subsariana, com base no resultado do coeficiente do seu modelo inelástico (0,39).

O coeficiente das despesas das famílias com carvão vegetal foi de -6,4; as famílias que utilizam carvão vegetal reduzem a sua procura de lenha em 6,4 por cento. Isto mostra que o carvão vegetal (um combustível de transição) é um substituto próximo da lenha. Seguir esta direção será insustentável do ponto de vista ambiental, dado que os mecanismos de produção de carvão vegetal (carbonização) utilizados são muito dispendiosos. Oguntunde et al. (2008) indicaram que tais práticas conduzem a uma desflorestação maciça e à conversão do coberto vegetal.

A recolha de lenha no agregado familiar por mulheres adultas foi negativamente elástica (-4,3) ($P<0,05$). Dada a elasticidade negativa que tem sobre a procura de lenha, implica que nos agregados familiares onde as mulheres dominam o papel de recolha, a procura de lenha é mais sensível aos papéis de género.

Por conseguinte, sugere que o género e as condições demográficas têm um efeito significativo na extração de biomassa lenhosa.

A procura de lenha por parte dos agregados familiares é sensível à distância a uma fonte de lenha ($P<0,1$). Isto apresenta uma série de lições: primeiro, à medida que a distância aumenta, as famílias reduzem a sua procura de lenha. Esta ação, por si só, tem implicações negativas, incluindo: redução da qualidade dos alimentos cozinhados; mudança para fontes de biomassa de baixa qualidade, como resíduos de culturas e gramíneas que podem arder, mas que têm uma elevada produção de fumo; evitam-se algumas formas de alimentos nutritivos relativamente baratos, como feijões e ervilhas. Os custos de transporte aumentarão, o que conduzirá a um aumento dos preços da lenha. Por último, os conflitos aumentarão no interior das fontes de lenha facilmente acessíveis.

3.7 Conclusões e recomendações

Os níveis de dependência da lenha são ainda muito elevados e não deverão diminuir pelo menos na próxima década. Esta situação deve-se às vantagens que a lenha apresenta, nomeadamente: i) a lenha pode ser uma fonte de energia renovável, ii) o combustível está disponível de alguma forma em todo o lado e pode ser queimado sem transformação adicional, iii) é relativamente mais barato do que os combustíveis alternativos como o GPL, a parafina ou a eletricidade, pelo que é acessível aos pobres, e iv) a tecnologia e as técnicas de utilização, por exemplo, três pedras para cozinhar, fossas escavadas, são tradicionalmente muito simplistas.

Os resultados também apresentam respostas fortes nos determinantes da procura e nos coeficientes de elasticidade do que os de outros estudos evidenciados noutros locais, como no Nepal, no Sudeste Asiático. O estudo mostra que as características dos agregados familiares desempenham um papel fundamental na procura de energia. Além disso, reforça os argumentos a favor da teoria da escada energética, em que o aumento do rendimento das famílias/indivíduos leva a uma mudança para fontes de energia de qualidade superior, sendo este caso exemplificado por uma resposta negativa muito forte à utilização de lenha quando se utiliza carvão vegetal. As elasticidades são suficientes para merecer uma ação política.

Em busca de uma melhor utilização e da redução da dependência, é necessário que o governo, os parceiros de desenvolvimento e a comunidade se unam na criação de riqueza, de modo a aumentar os seus rendimentos de forma a poderem pagar alternativas. É, por isso, imperativo que os programas governamentais como o PRDP, NAADS e Prosperidade para todos (*Bonabagaggawale*) sejam reinventados na área; primeiro, para aumentar a produtividade agrícola através de melhores mecanismos de produção, segundo, criação de mercados e terceiro, apoio ao estabelecimento industrial local ou indígena em pequena escala através do fornecimento de eletricidade a preços baixos.

Inovação e Investigação Agrícola para o Desenvolvimento (IAR4D) nesta área. Quando os rendimentos baixos melhorarem, as famílias começarão a reduzir a dependência da lenha à medida que alternativas como o querosene, a LGP, a energia solar e a eletricidade se tornarem relativamente acessíveis.

Além disso, a procura elástica de lenha constitui um incentivo para intervenções nos preços. Creio que uma intervenção nos preços de qualquer dos combustíveis afectará a quantidade de lenha consumida. A utilização de impostos e/ou subsídios para alterar os preços relativos dos diferentes combustíveis desencadeará uma mudança para esses combustíveis de alta qualidade. O governo deve, portanto, dar prioridade à produção de GPL para a população local, caso se inicie o sistema de produção comercial de petróleo no sistema do Albertine Graben. Estou convencido de que isto pode ser bem sucedido em alguns sectores da população com características semiurbanas. Para que a comunidade possa adotar o GPL, o governo terá de oferecer reduções de impostos sobre o equipamento e subsídios para este combustível. No entanto, um estudo cuidadoso sobre o comportamento do consumidor e as prováveis escolhas de substituição pode ter de ser realizado para a implementação efectiva desta recomendação.

Iniciativas como a construção e a utilização de fogões de pedra de biomassa melhorados têm de ser divulgadas e não devem ser postas em causa. É também necessário encorajar os maridos a partilharem os papéis com as suas mulheres, bem como encorajar os agregados familiares a terem famílias mais pequenas. É necessário adotar uma abordagem integrada para proporcionar uma oportunidade de regeneração dos arbustos (vegetação das terras secas).

3.8 Agradecimento

O financiamento para este trabalho veio da generosa contribuição do Fórum da Universidade Regional para o Reforço de Capacidades na Agricultura (RUFORUM) e da Agricultural Innovations in Dryland Africa (AIDA). O meu apreço é ainda extensivo aos indivíduos cujos trabalhos foram citados neste documento. Estou em dívida para com os agregados familiares de produtores de subsistência que deram tempo aos assistentes de investigação para serem entrevistados.

Capítulo 4

Alteração do uso/cobertura do solo e dinâmica do stock de biomassa no sub-condado de Olio, Uganda Oriental

Egeru António

Faculdade de Educação e Estudos Externos, Escola de Educação da

Universidade de Makerere. P.O. Box 7062 Kampala, Uganda.

Tel: +256-782-616879/+256-702-966761

Correio eletrónico: egeru81@educ.mak.ac.ug

Resumo

Este estudo efectuou uma avaliação do efeito da alteração do uso/cobertura do solo no stock de biomassa no sub-condado de Olio de 1973 a 2001. Foi utilizada uma série de imagens Landsat ortorrectificadas sistematicamente corrigidas de 1973, 1986 e 2001, obtidas no sítio Web Landsat. As imagens foram analisadas utilizando uma abordagem não supervisionada no Sistema Integrado de Informação sobre a Terra e a Água, versão 3.3, e validadas utilizando observações no terreno e memórias históricas dos anciãos da aldeia. Os resultados indicam que a alteração da utilização/cobertura do solo é impulsionada pela agricultura em pequena escala. Entre 1973 e 1986, foram registados declínios significativos na agricultura em pequena escala (23,2%), nos prados (8,7%) e na agricultura em grande escala (9,9%). Além disso, também se registaram declínios entre 19862001 nas matas (12,1%), bosques (13,9%) e zonas húmidas (8,2%), enquanto se registaram ganhos dramáticos na agricultura em pequena escala de 19,4%. Estes declínios conduziram a perdas no stock de biomassa disponível até 2001 nos matos, zonas húmidas e florestas, que perderam 29,1 milhões de toneladas, 669,1 toneladas métricas e 87,3 milhões de toneladas, respetivamente. Concluímos que a agricultura em pequena escala praticada por agricultores pobres em recursos está a transformar rapidamente a paisagem vegetal. Por conseguinte, é necessário utilizar cada vez mais a teledeteção e os SIG para quantificar os padrões de mudança à escala local, com vista a uma monitorização e avaliação essenciais dos efeitos das mudanças no uso e cobertura da terra e da interferência humana na paisagem.

Palavras-chave: *Estoque de biomassa, Mudança de uso/cobertura do solo, Agricultura de pequena escala, Soroti Uganda*

4.1 Introdução

Lambin et al. (2003) consideram a ocupação do solo como o estado biofísico da superfície terrestre e da subsuperfície imediata (biota, solo, topografia, águas superficiais e subterrâneas, estruturas humanas). A utilização da terra, por outro lado, envolve a forma como os atributos biofísicos da terra são manipulados e a intenção subjacente a essa manipulação para a qual a terra é utilizada. A alteração da utilização/cobertura da terra (LUCC) surgiu como um fenómeno global e talvez a perturbação antropogénica regional mais significativa do ambiente, especialmente no século XX

(Ademiluyi et al., 2008). As LUCCs dramáticas, que outrora teriam exigido séculos, ocorrem agora em poucas décadas. Ao mesmo tempo, diz-se que África tem a taxa de desflorestação mais rápida do mundo, em resultado da dependência excessiva dos recursos primários (Ademiluyi et al., 2008). Essencialmente, ambas as LUCC são produtos de processos naturais e antropogénicos predominantes e em interação. Por conseguinte, a deteção das alterações da utilização dos solos permite identificar os principais processos de mudança (Fasona e Omojola, 2005).

É necessário compreender as alterações da ocupação do solo e o seu efeito nos ecossistemas em geral (Lambin et al., 2003). Do mesmo modo, é importante compreender os padrões e processos locais, uma vez que a alteração do coberto vegetal está intimamente ligada à sustentabilidade do desenvolvimento socioeconómico (Lambin et al., 1999). A grande diversidade dos sistemas humanos em relação às alterações florestais cria padrões muito variados entre regiões e nações. A nossa compreensão ultrapassou os simples pressupostos malthusianos e passou a abranger mecanismos causais dinâmicos e complexos a várias escalas. Os quadros recentes consideram uma série de causas próximas e subjacentes à LUCC (Lambdin et al., 2001; Geist e Lambdin, 2001).

Uma literatura em expansão identificou uma série de causas que se pensa estarem a impulsionar a desflorestação tropical (Geist e Lambdin, 2001). Como mencionado acima, é cada vez mais evidente que uma concatenação de variáveis interage através de escalas espaciais e temporais para causar LUCCs e que estes grupos causais variam consoante as regiões e o tempo (Mather et al., 1999). Historicamente, a força motriz da maior parte das alterações na utilização dos solos é o crescimento da população (Ramankutty et al., 2002). No entanto, estão envolvidos vários outros factores em interação (Lambin et al., 2001). As utilizações concorrentes do solo (agricultura e povoações humanas) estão a contribuir para o declínio das áreas florestais e arborizadas. A procura crescente de lenha e carvão vegetal é também uma das principais causas da desflorestação (Ademiluyi et al., 2008).

As alterações da utilização e da ocupação do solo estão ainda associadas a instituições consuetudinárias de posse da terra, a uma maior pressão demográfica e a um acesso deficiente aos mercados (Place e Ostuka, 1997). Estas alterações agravam os conflitos no fornecimento de alimentos, combustíveis e fibras, dos quais depende de forma crítica a subsistência das populações pobres (Bolwing et al., 2006). Aumenta a diminuição das reservas vegetais. Consequentemente, o aumento da desflorestação leva a um aumento da distância percorrida para recolher lenha (Buyinza et al., 2008). No entanto, a recolha e o consumo de lenha foram considerados a causa principal do processo de conversão de terras de floresta seca em terras de madeira na segunda metade do século XX (Morton, 2007). Imperativamente, a expansão agrícola e o corte excessivo de árvores para lenha são causas importantes de países áridos e semi-áridos como o Sudão (Hassan et al., 2009).

Imperativamente, as alterações da ocupação do solo associadas à agricultura têm tido um enorme impacto na estrutura e no funcionamento dos ecossistemas (Paruelo *et al;* 2001). Estas alterações aumentaram a taxa de extinção de espécies, não só por substituírem os ecossistemas naturais, mas também por alterarem o regime de perturbação. Além disso, as LUCC podem desencadear consequências locais e regionais, incluindo a perda de fertilidade dos solos, a erosão dos solos, a redução da diversidade biológica, as alterações hidrológicas, as alterações climáticas e a modificação da composição atmosférica. Todos estes factores têm atraído a atenção no passado recente, mas um efeito muito básico do LUCC sobre o stock de biomassa tem escapado à atenção. É neste contexto que o presente estudo procurou determinar o efeito do LUCC sobre o stock de biomassa.

4.2 Materiais e métodos

4.2.1 Área de estudo

O sub-condado de Olio está localizado no leste do Uganda (Figura 4.1. Situa-se aproximadamente nas latitudes 1°33' e 2°23' Norte do equador, 30°01' e 34°18' graus Este do Meridiano Principal e está a mais de 2.500 pés acima do nível do mar com afloramentos rochosos isolados. A área é em grande parte coberta por rochas do complexo basal de idade pré-cambriana que incluem: granitos, mignalitos, gnaisse, xistos e quartzitos com quatro unidades principais de solo: Serere e Amuria catena; complexo Metu e série Usuk.

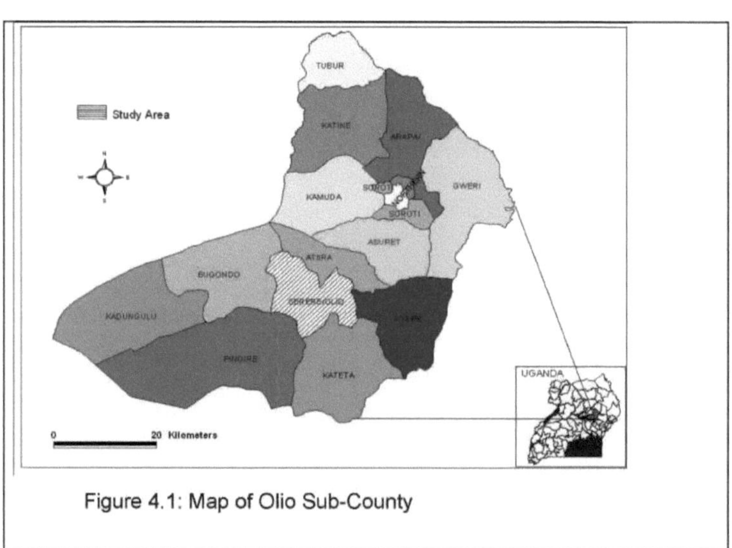

Figure 4.1: Map of Olio Sub-County

Fonte: Autor setembro de 2009

4.2.2 Determinação das alterações da utilização/cobertura do solo e da dinâmica das existências de biomassa

Uma série de imagens Landsat ortorrectificadas sistematicamente corrigidas para 1973, 1986 e 2001 foi descarregada do sítio Web Landsat. Foram utilizadas três cenas; uma Landsat MSS (1973) com uma resolução espacial de 57m X 57m; uma Landsat TM (1986) com uma resolução espacial de 28,5m X 28,5m e uma Landsat ETM (2001) com uma resolução espacial de 28,5m X 28,5m. Todos os dados de imagem foram obtidos durante o período de maturidade da planta/vegetação na área. A reamostragem foi efectuada para permitir a localização da área de estudo e facilitar a compatibilidade geométrica das cenas. A projeção foi definida como Zona UTM 36N, Elipsoide WGS 84 e Datum WGS 1984. Os cruzamentos de estradas, os pontos de passagem de esgotos e os edifícios administrativos e escolas existentes antes de 1973 foram utilizados como pontos de controlo para as correcções geométricas das imagens. As imagens foram analisadas utilizando uma abordagem não supervisionada no Sistema Integrado de Informação sobre a Terra e a Água (ILWIS) versão 3.3. Os mapas preliminares de uso/cobertura do solo foram validados através de observações no terreno e das memórias históricas dos anciãos das aldeias. Além disso, foi efectuada uma verificação no terreno utilizando imagens agrupadas e mapas topográficos (1:50.000) para Soroti folha 43/3, Bugondo folha 42/4, Sambwa folha 52/2 e Kyere folha 53/1. Os mapas validados foram depois processados no modelador de utilização dos solos integrado no ArcGIS 9.2.

De acordo com as unidades de classificação da ocupação do solo (LULC) produzidas para o Uganda pelo Departamento Florestal do Ministério da Água, Terras e Ambiente (2003), treze (13) unidades LULC são listadas, incluindo plantações de madeiras duras, plantações de madeiras moles, THF degradado, THF normal, bosques, matagais, zonas húmidas, terras agrícolas de subsistência, terras agrícolas comerciais, áreas construídas, água e impedimentos. Para este estudo, as unidades de classificação foram reduzidas a oito (8) que eram recognoscíveis na área para incluir: áreas construídas, matagais, pradarias, zonas húmidas, impedimentos, bosques, agricultura de pequena escala (terras de subsistência) e agricultura de grande escala (terras agrícolas comerciais). A produção de hectares de cada uma das unidades LULC foi multiplicada pela estimativa da NFA (2003) do stock médio em pé em quilogramas ou toneladas aproximadas por hectare. A fim de estabelecer as características socioeconómicas da comunidade, foi realizado um inquérito aos agregados familiares entre 10% dos agregados familiares (490 agregados) no subcondado.

4.3 Alteração da utilização/cobertura do solo e dinâmica das existências de biomassa

Os oito principais tipos de uso/cobertura da terra (LUCC) delineados no sub-condado incluíam bosques, zonas húmidas, prados, impedimentos, agricultura de pequena escala, agricultura de grande escala, terrenos de mato e área construída. Estes tipos de uso/cobertura da terra sofreram alterações variadas ao longo de vinte e oito (28) anos de análise. As Figuras 4.2 e 4.3 mostram o uso/cobertura do solo de 1973, a agricultura de pequena escala e a vegetação de prados ocupavam 38,17% e 26,14% da área total do terreno. As zonas húmidas e a agricultura em grande escala ocupavam 11,35% e 9,97%, respetivamente (apêndice C: Quadro 4.4). As savanas florestais estavam quase esgotadas, ocupando apenas 0,04% da superfície terrestre total. Os prados registaram um stock médio estimado de 37,3 Gigagramas de biomassa, enquanto as zonas húmidas registaram 0,93 Gigagramas de biomassa (apêndice C: Quadro 4.5).

A situação da agricultura em grande escala explica-se, em grande medida, pelos vestígios das hortas de algodão e dos blocos experimentais estabelecidos na estação de investigação agrícola de Serere, uma prática que vem desde a época colonial. No entanto, Ebanyat (2009) refere que este período se caracterizou pela instabilidade política e pelo declínio económico, pelo aumento da insegurança, pelo colapso da economia, pela não aplicação da política de conservação do solo e da água, pelo colapso dos sistemas de distribuição de insumos e pelo declínio da produção de algodão.

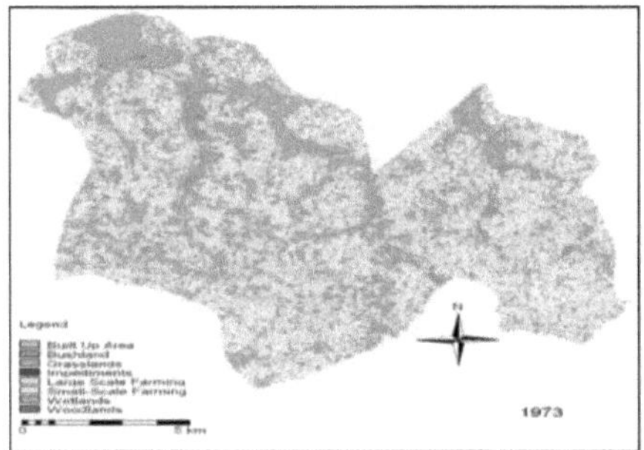

Figura 4.2: Mapa de uso/cobertura do solo 1973

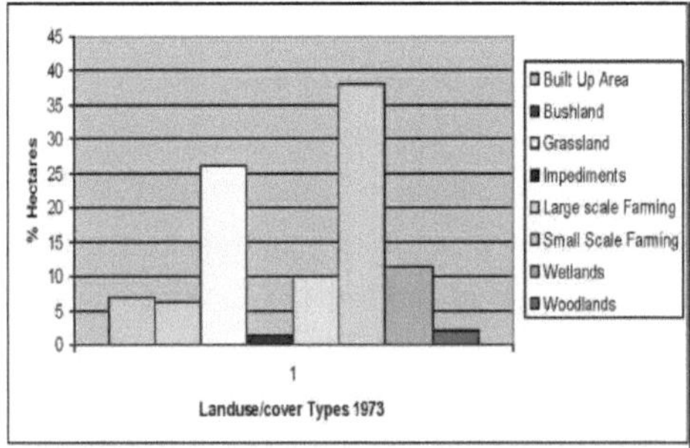

Figura 4.3: Tipos de uso/cobertura do solo para o sub-condado de Olio (1973)

Fonte: Autor abril de 2009

Após um período de treze anos, a agricultura em pequena escala diminuiu em hectares em 23,20% para 14,97% de utilização da terra em 1986. Isto levou a uma perda estimada de 6,1 Gigagramas de biomassa lenhosa em pé (apêndice C: Tabela 4.4). A queda foi atribuída à insegurança prevalecente na altura, que privou a população da oportunidade de abrir terras para cultivo. O Governo do Uganda (2007) relatou que durante este período, 78% das pessoas tinham acesso limitado à terra e 84% dependiam de ajuda alimentar externa (GoU, 2007). De facto, este foi um período em que a produtividade agrícola foi mais baixa.

À medida que a agricultura em pequena escala diminuiu, outras unidades de ocupação do solo ganharam (com ganhos proporcionais entre parêntesis). Zonas húmidas; 2,9 %, bosques; 14,06 %, matos; 12,71 % e impedimentos; 8,21 % (Figura 4.4 e Figura 4.5). Este período também registou um ganho total líquido de 36,2 Gigagramas de biomassa lenhosa. Por conseguinte, reflectiu um período de recuperação da cobertura vegetal, uma vez que os ganhos foram superiores às reduções.

Em termos de disponibilidade de biomassa, o stock médio em 1986 variava em função dos ganhos/perdas em hectares para uma determinada unidade de ocupação do solo. Consequentemente, as matas; 45 Gigagramas, os prados; 25 Gigagramas, os bosques; 88 Gigagramas, e as zonas húmidas; 1,17 Gigagramas (apêndice C: Tabela 4.5) registaram ganhos. Estes ganhos foram atribuídos ao facto de a terra ter sido deixada em pousio, uma vez que as populações civis foram obrigadas a deslocar-se e os seus movimentos foram restringidos (Mushemeza, 2008).

O declínio registado na agricultura em grande escala, de 9,97%, foi atribuído ao colapso da produção que se seguiu à agitação política na sub-região e no país em geral (Okori et al., 2002). A instabilidade política de 1970 até meados da década de 1980 teve impacto em todos os sectores da economia, incluindo a agricultura. Culminou com o colapso total da comercialização do algodão no início da década de 1980, pelo que os agricultores tiveram de explorar culturas alternativas para gerar rendimentos (Ebanyat, 2009).

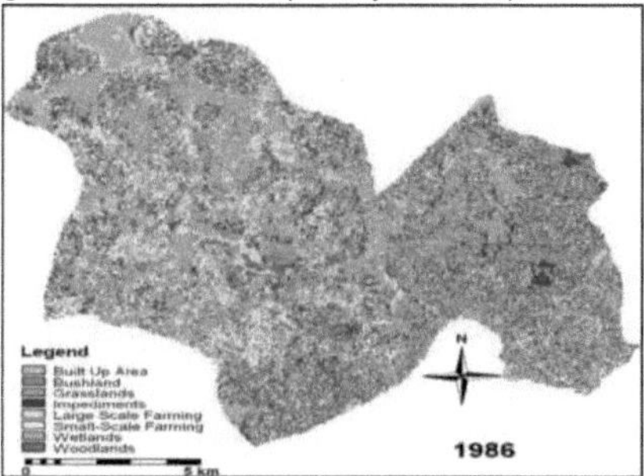

Figura 4.4: Mapa de uso/cobertura do solo 1986

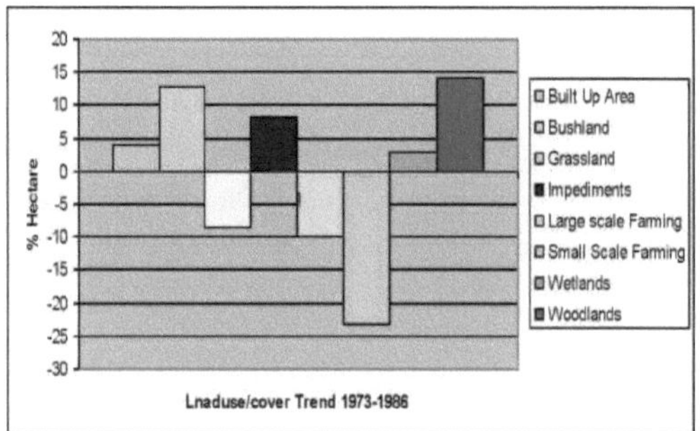

Figura 4.5: Evolução da utilização/cobertura do solo no sub-condado de Olio (1973-1986)

Fonte: Autor abril de 2009

Depois de um intervalo de 15 anos (1986-2001), a agricultura de pequena escala teve um ganho avassalador de 19,38%, tornando-se o maior uso da terra na área, com 34,35% (Figura 4.6 e 4.7; apêndice C: Tabela 4.4). De acordo com Semboja (2005), este foi um período de reformas de primeira geração em que a produtividade alimentar e o crescimento económico foram altamente enfatizados. Isto faz com que os pequenos proprietários sejam os principais actores na mudança do uso da terra devido à intensificação agrícola (Olson et al., 2004). Isto também corrobora a conclusão feita por Chowdhury (2006) de que a intensificação agrícola faz parte da causa próxima que resulta diretamente na transformação do uso/cobertura da terra. Corrobora ainda as conclusões de Esikuri (1998) e Anantha e Marlene (2007) em Amboseli, no Quénia, segundo as quais o principal fator que determina a alteração do uso do solo é o crescimento da agricultura, em grande parte para o fornecimento de alimentos e fibras.

A predominância da agricultura de pequena escala na alteração do coberto vegetal implica que, em média, 34,35% dos hectares são cultivados numa única estação. Esta mudança teve efeitos tremendos no stock de biomassa lenhosa. Os matos, por exemplo, perderam aproximadamente 29,1 Gigagramas, as florestas 87,3 Gigagramas e as zonas húmidas 0,69 Gigagramas. Isto afectou o abastecimento de lenha (apêndice C: Tabela 4.5) na área através da escassez de criação e do aumento da distância percorrida pelos colectores de lenha. Também explica a perda líquida total de 47,7 Gigagramas de biomassa de madeira em pé durante 1986-2001. De acordo com Ebanyat (2009), os prados e matagais no Distrito de Pallisa diminuíram rapidamente a partir de 1986, não havendo nenhum em 2001. Também se observou um aumento rápido das terras agrícolas entre 1986 e 2000 na bacia do rio Mara. Estes aumentos conduziram a reduções de 23% e 24% nas florestas e nos prados de savana, respetivamente (Mati et al., 2005).

As metodologias de preparação da terra são preocupantes. Isto deve-se ao facto de a frequência das queimadas ser elevada e de a limpeza total do coberto arbóreo ser a norma (apêndice B: Placa 5). Os investigadores ambientais consideram a queima de biomassa como uma fonte importante de gases com efeito de estufa e aerossóis como o enxofre, o óxido nitroso, o metano e o dióxido de carbono (Nkem et al., 2007). De acordo com a NEMA (2004), é libertada uma quantidade significativa de emissões de gases com efeito de estufa a partir da biomassa queimada para fins energéticos (13.763.000 $_{CO_2}$ Gg). Isto está destinado a agravar as alterações climáticas e o problema da variabilidade que se vive atualmente na região (Mubiru et al., 2009). As práticas de gestão, como a lavoura contínua, provocam alterações na estrutura da população, a eliminação/redução de grupos e espécies-chave da fauna do solo e, nalguns casos, uma baixa abundância e/ou biomassa (Beare et al., 1997).

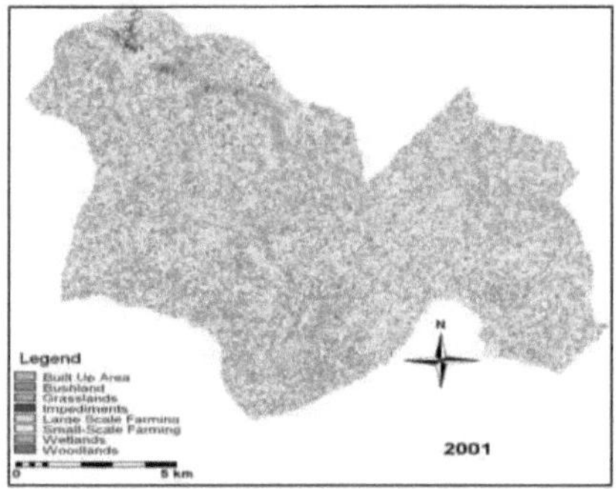

Figura 4.6: Mapa de uso/cobertura do solo 2001

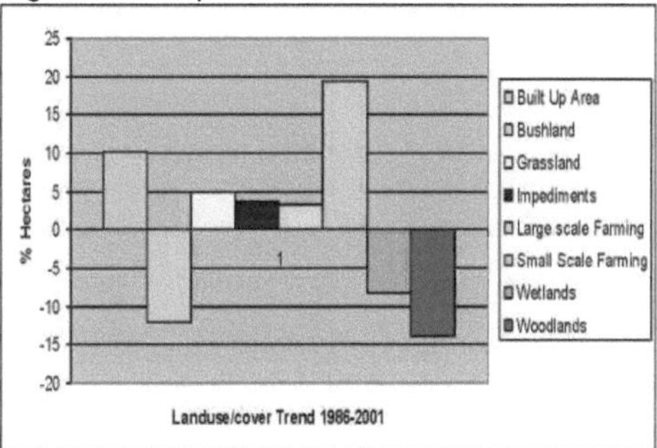

Figura 4.7: Evolução da utilização/cobertura do solo no sub-condado de Olio (1986-2001)

Fonte: Autor abril de 2009

O aumento drástico da agricultura em pequena escala é também parcialmente responsável por perdas significativas (1986-2001) em várias unidades de ocupação do solo. As florestas registaram uma diminuição de 13,99%, passando de 14,10% em 1986 para 0,11% em 2001, o que representa uma perda de biomassa estimada em 87,3 Gigagramas. Os matos registaram uma perda de 12,09% no mesmo período, de 18,86% para 6,77%, o que levou a uma perda de 29,1 gigagramas de biomassa média de madeira em pé. As zonas húmidas também não foram poupadas, diminuindo de 14,25% (1986) para 6,10% (2001), uma perda de 8,15% que levou a um declínio do stock de biomassa em pé de 0,69 Gigagramas (apêndice C: Quadro 4.4 e Quadro 4.5). Todos estes factores tiveram efeitos negativos na disponibilidade de biomassa de madeira para lenha.

O declínio das terras húmidas foi atribuído ao aumento do cultivo de arroz (apêndice B: Placa 5.3). Isto corrobora as constatações feitas por Ebanyat (2009) no Distrito de Pallisa de que todos os pântanos e terras de pastagem na paróquia de Akadot e 94% em Chelekura foram cultivados até 2001. Também reforça as observações feitas por Madebwe e Madebwe (2005) de que a perda de vegetação das zonas húmidas foi causada pelo aumento da área cultivada e do número de cabeças de gado.

É vital notar que, à medida que a conversão ocorre, 96,1% dos chefes de família indicaram que nunca plantaram diretamente uma árvore. Eles observaram que a falta de fundos para comprar mudas, a falta de estruturas organizacionais e a falta de motivação eram responsáveis pela sua inação na plantação de árvores. Outros argumentaram que os proprietários de gado tendem a pastar nas suas hortas e a pisar as mudas, as térmitas atacam as árvores jovens, as árvores não trazem lucros imediatos, as árvores atraem pássaros que destroem as suas colheitas e "*as árvores sempre existiram, encontrámo-las aqui e vão continuar a existir, não plantámos e não precisamos de plantar, elas crescem sozinhas*", observou um dos inquiridos.

4.4 Efeito da alteração da utilização/cobertura do solo (LUCC) no stock de biomassa

Com as variações exibidas pelas diferentes unidades de cobertura da terra, os declínios e/ou ganhos em hectares em cada unidade de uso/cobertura da terra influenciaram as variações na quantidade de biomassa armazenada em conformidade. Os resultados indicam que, em 1986, as florestas tinham a maior quantidade de biomassa armazenada, aproximadamente 88 milhões de toneladas; seguiam-se os matos com cerca de 45,4 milhões de toneladas, enquanto a agricultura em grande escala tinha entrado em colapso total nesse período. Em 2001, a agricultura de pequena escala (terras agrícolas de subsistência) tinha ganho tremendamente para aproximadamente 67,6 milhões de toneladas de stock de biomassa, um ganho de 38,1 milhões de toneladas métricas (Quadro 1). Enquanto a agricultura de pequena escala ganhou em stock de biomassa em pé entre 1986-2001, outras unidades de uso/cobertura da terra diminuíram tremendamente, por exemplo, os matos perderam 29,1 milhões de toneladas, enquanto as florestas perderam aproximadamente 87,3 milhões de toneladas de stock de biomassa em pé, esta foi a maior perda gerada a partir da análise de imagens. As zonas húmidas foram igualmente afectadas, perdendo aproximadamente 669,1 toneladas métricas de biomassa. Estas alterações no stock de biomassa afectaram o fornecimento de lenha, levando a um aumento da distância (2±7 Km) percorrida pelos colectores de lenha, especialmente as mulheres e as jovens.

Enquanto o declínio da biomassa está a ocorrer em várias unidades de cobertura da terra, incluindo pastagens, florestas (que estão quase a desaparecer) e zonas húmidas, 96,1% dos chefes de família nunca plantaram diretamente uma árvore e avançam uma miríade de razões, incluindo: falta de fundos para comprar mudas, falta de estruturas organizacionais e falta de motivação. Outros argumentaram que os proprietários de gado tendem a pastar nas suas hortas e a pisar as mudas, as térmitas atacam as árvores jovens, as árvores não trazem lucros imediatos e as árvores atraem aves que destroem as suas colheitas. Segundo Ayuke, *et al.* (2008), estes factores conduzem a uma alteração da estrutura do habitat e a uma redução da variedade e abundância de recursos alimentares. No entanto, com o aumento das quebras de colheitas devido à variabilidade da precipitação e às inundações na sub-região de Teso, o aumento da insegurança alimentar com uma proporção significativa de agricultores pobres em recursos, os chefes de família, desesperados por fornecer alimentos às suas famílias, viraram-se para a produção de carvão vegetal. Esta prática não só é insustentável, devido aos métodos de carbonização que geram desperdício, como também é ecologicamente destrutiva.

4.5 Conclusões e recomendações

Este estudo mostrou que as terras secas não devem ser consideradas apenas como áreas pobres, remotas e em grande parte auto-subsistentes, mas devem ser colocadas na vanguarda da agenda de desenvolvimento, se se quiser minimizar alguns dos efeitos catastróficos do LUCC. A agricultura de pequena escala (terras agrícolas de subsistência) praticada por agricultores pobres em recursos foi identificada como o principal fator de LUCC na zona, juntamente com a extração de biomassa para lenha. A dependência das terras agrícolas de subsistência não é uma escolha, mas sim uma consequência dos baixos rendimentos, das limitadas oportunidades de geração de rendimentos não agrícolas, de uma sequência de conflitos que assolaram a zona, da redução significativa do número de cabeças de gado devido à agitação civil e ao roubo de gado na década de 1980. O stock de biomassa está a diminuir a um ritmo mais rápido do que em 1986, o que é insustentável. Ameaça assim a existência de algumas espécies de árvores indígenas e a disponibilidade de plantas medicinais na zona. A taxa e a tendência de declínio constituem um desafio para a realização dos Objectivos de Desenvolvimento do Milénio 1 e 7 (ODM1 e ODM 7). Além disso, foi estabelecido que a conversão da cobertura do solo é unidirecional e que nenhuma área mensurável que tenha sido convertida em terras agrícolas de subsistência foi deixada para reverter para o seu tipo original de cobertura do solo e que o LUCC tem uma influência significativa no stock de biomassa. Este estudo mostrou ainda que a utilização da teledeteção e do SIG pode ajudar a quantificar o LUCC a níveis de microescala, dando assim mais pormenores e precisão. Por conseguinte, recomendamos que se concentre a atenção na gestão integrada da fertilidade do solo e na conservação da água (ISFM), na adoção de plataformas inovadoras de desenvolvimento e numa revolução verde. Isto faria com que as terras secas se tornassem centrais nas estratégias de sustentabilidade; só quando os agricultores pobres em recursos tiverem a certeza da segurança alimentar com colheitas significativas é que se poderá atender ao apelo para a gestão ambiental e a custódia dos recursos ambientais.

4.6 Agradecimentos

O financiamento para este trabalho veio da generosa contribuição do Fórum da Universidade Regional para o Desenvolvimento de Capacidades na Agricultura (RUFORUM). Os nossos agradecimentos vão também para o Sr. Barasa Bernard da Universidade de Makerere, centro GIS, pela orientação na análise de imagens. O meu apreço é ainda extensivo aos indivíduos cujos trabalhos foram citados neste documento. Estou em dívida para com os agregados familiares detentores de meios de subsistência que deram tempo aos assistentes de investigação para serem entrevistados.

Capítulo 5

Adaptações à escassez de madeira para combustível no sub-condado de Olio, distrito de Soroti, Uganda Oriental

Egeru António
Colégio de Educação e Estudos Externos, Escola Superior de Educação
Universidade de Makerere P.O. Box 7062 Kampala, Uganda.
Tel: +256-782-616879/+256-702-966761
Correio eletrónico: egeru81@educ.mak.ac.ug

Resumo

A dependência das famílias ugandesas da lenha não pode ser subestimada. Mais de 95% dos ugandeses utilizam a lenha para cozinhar e conservar os seus alimentos. Mas, face à pressão populacional e à desflorestação generalizada, as reservas de lenha estão a esgotar-se rapidamente. Por conseguinte, este estudo investigou a forma como as famílias rurais se adaptam à escassez de lenha nas zonas secas do leste do Uganda. Foi realizado um inquérito aos agregados familiares em dezembro de 2008, no qual foram entrevistados aleatoriamente 490 inquiridos, incluindo principalmente mulheres e chefes de família. Também foram realizadas discussões em grupos de foco (FGDs) com anciãos e mulheres da comunidade e estes dados foram analisados com base em temas emergentes. As conclusões indicaram que 99% dos agregados familiares utilizavam lenha para cozinhar, com um consumo per capita de 542,32 quilogramas. As espécies de árvores mais utilizadas incluíam: *Combretnum molle* (42,7%) e *Acacia polyacantha willd* (18,2%). Mais de 78% dos agregados familiares têm preferência por espécies de *acácias* para lenha. Em particular, *Acacia polyacantha willd* (60,3%), *Acacia hockii* (16,9%), *Combretum collinum* (9,6%) foram as espécies de árvores mais preferidas. A escassez de oferta de lenha era evidente pela distância média (2±7 Km) percorrida pelos colectores na sua procura. Os colectores de lenha gastavam entre 1 a 10 horas, com uma média de 3 horas semanais em actividades de recolha de lenha. Isto resultou num custo de oportunidade estimado por ano de 432.000 xelins (232 dólares americanos) para os que recolhiam semanalmente e 1.080.000 xelins (580 dólares americanos) para os que recolhiam diariamente. A frequência da recolha diminuiu à medida que a distância aumentou em 89% dos agregados familiares. Uma minoria de agregados familiares (1%) recorreu à plantação deliberada de árvores nas suas próprias quintas para aliviar os problemas de escassez de lenha, e à modificação do fogão de biomassa de modo a utilizar menos lenha. Os agregados familiares, na sua tentativa de contornar o problema da escassez contínua, recorreram a árvores/arbustos de pior qualidade para lenha (71,2%), juntamente com outras estratégias de sobrevivência, tais como cozinhar refeições uma vez por dia, evitar cozinhar alguns tipos de alimentos (70%) e utilizar resíduos de culturas como fonte de combustível (60%). É necessário aumentar a plantação de árvores nas explorações agrícolas, bem como a utilização de fogões de cozinha a biomassa melhorados na região.

Palavras-chave: *Adaptações, energia doméstica, escassez de lenha, Soroti Uganda.*

5.0 Introdução

A lenha é a fonte de energia mais significativa no Uganda, e a maioria das pessoas utiliza-a para uso doméstico e para indústrias de pequena escala, tais como o fabrico de tijolos e telhas, agro-processamento (açúcar, chá, tabaco), jaguarias, padaria e processamento de peixe (Censo da População e Habitação, 2002; Tabuti et al., 2003; Yikii et al., 2006). Nas zonas urbanas, as pessoas utilizam mais o carvão vegetal do que a lenha. O relatório anual do Ministério da Energia de 2005 referiu que, por cada quilograma de chá processado, é necessário um quilograma de madeira (MEMD, 2005). Isto significa que só a transformação do chá consome anualmente o equivalente a cerca de 20 milhões de toneladas métricas de madeira. Atualmente, estima-se que a procura/consumo de madeira para combustível no Uganda esteja a crescer a uma taxa de 2,5% por ano. De acordo com as estimativas da Organização das Nações Unidas para a Alimentação e a Agricultura para o Uganda, o consumo de lenha aumentou em mais de 2 mil milhões de toneladas entre 1993 e 1997 (FAO, 1999; Tabuti et al., 2003). Esta procura crescente é atribuída ao aumento da população, ao crescimento do sector industrial, bem como ao aumento da taxa de urbanização e aos rendimentos elevados das famílias (NEMA, 1988; Tabuti et al., 2003).

Prevê-se ainda que a lenha continue a fornecer mais de 75% do consumo total de energia no ano 2015 (MFEP, 2000; UBOS, 2006). No entanto, este consumo de lenha já se faz sentir na maior parte do país. No distrito de Wakiso, no centro do Uganda, por exemplo, a lenha e o carvão vegetal, ambos subprodutos da madeira, são escassos e o pouco que existe é vendido a um preço elevado, que dificilmente pode ser suportado pelas famílias pobres urbanas e rurais (Nafula, 2008). Um pequeno pedaço de lenha custa entre 300 Shs do Uganda em comparação com 50 Shs do Uganda há alguns anos atrás (Nafula, 2008). Algumas famílias gastam atualmente 1.000 Shs do Uganda em lenha todos os dias, mas a maioria vive com menos de um dólar por dia (Nafula, 2008). De acordo com o Fundo das Nações Unidas para a População, prevê-se que a população do Uganda seja de 130 milhões em 2025, quase cinco vezes o número atual, e que a madeira disponível diminua um terço por pessoa. A agência das Nações Unidas citou estatísticas segundo as quais os colectores de lenha - principalmente mulheres e crianças - têm de percorrer distâncias cada vez mais longas para recolher um recurso cada vez mais reduzido. Estas longas viagens podem ser inseguras. E, de acordo com a Autoridade Nacional de Gestão do Ambiente do país (NEMA, 1988), a escassez de lenha significa que algumas famílias estão a utilizar alimentos mais fáceis de cozinhar, mas potencialmente menos nutritivos. Na sub-região de Teso, no leste do Uganda, há falta de informação sobre como as famílias pobres lidam com os impactos da diminuição da disponibilidade de lenha (DSOER, 1997; 2004). É neste contexto que este estudo procurou examinar a adaptação local e/ou as estratégias empregues pelas famílias de subsistência para fazer face à escassez de lenha na região.

5.1 Escassez de lenha

Em condições de concorrência perfeita, um preço reflecte o custo marginal de um bem e o aumento dos preços indica uma escassez económica crescente. No entanto, a maior parte da lenha nos países em desenvolvimento é recolhida a nível doméstico para consumo interno. Uma vez que não é frequentemente comercializada em mercados que funcionam bem, o seu preço de mercado não é uma medida fiável da sua escassez. Para um agregado familiar, um bem autoproduzido, como a lenha, torna-se economicamente mais escasso quando tem de renunciar a outros recursos para o obter. Neste caso, o preço implícito ou "sombra" do agregado familiar aumenta. Para a lenha, isto é frequentemente definido como o custo de oportunidade do tempo gasto na recolha, uma vez que a mão de obra é o principal fator de produção de lenha (Cooke et al., 2008).

Os indivíduos e os agregados familiares fazem escolhas sobre a afetação de recursos quando esses recursos são "escassos". No caso dos combustíveis de madeira, o conceito de escassez tem sido frequentemente definido em termos de escassez física. Como convencionalmente medido, a escassez física é maior quando as existências de árvores são menores, as florestas estão mais distantes, ou a madeira disponível é de má qualidade (Cooke et al., 2008). A disponibilidade física e a qualidade da madeira não constituem uma definição completa de escassez para efeitos de escolha individual e familiar. É imperativo distinguir entre escassez física e escassez económica.

A escassez económica é o que orienta as escolhas humanas, mas nem sempre anda de mãos dadas com a escassez física. A escassez económica existe numa área com reservas físicas relativamente abundantes de madeira se, por exemplo, houver pouca mão de obra disponível para a recolher. Por conseguinte, o aumento dos preços indica um aumento da escassez económica (Cooke et al., 2008). Mlambo e Huizing (2004) opinaram até agora que as pessoas sentem escassez de lenha em áreas que são deficientes em recursos florestais e arbóreos.

No entanto, a maioria dos agregados familiares rurais considera a escassez de lenha em termos de falta de disponibilidade dentro dos limites da sua aldeia. O corte de árvores vivas em vez da recolha de madeira seca morta foi identificado como um sinal de escassez (COMPETE, 2008). O esgotamento das florestas nos centros populacionais e à sua volta, o aumento da distância que tem de ser percorrida para a recolha de lenha, o aumento do tempo e do esforço necessários para encontrar lenha, o aumento da invasão das áreas florestais para a recolha de lenha e o fabrico de carvão, o aumento da utilização de resíduos agrícolas e de estrume animal como combustível são outros indicadores do défice de lenha (Nabinta et al., 2007).

O Relatório Distrital sobre o Estado do Ambiente de Soroti (DSER, 1997; 2004) reconheceu que a falta de estudos sobre fontes de energia alternativas, juntamente com os elevados custos de instalação e manutenção, levou a um aumento da procura de lenha. Este fenómeno é encorajado pelo preço mais barato, pela facilidade de utilização nas zonas rurais e urbanas e pela perceção tradicional de que a energia para cozinhar é a lenha.

Os agregados familiares responderam de forma variada à escassez de lenha. Cooke et al. (2008) referiram que a diminuição do consumo de lenha, a utilização de combustível de baixa qualidade, galhos, resíduos de colheitas e estrume, as mudanças nos hábitos de cozedura e de preparação de alimentos são exemplos típicos de respostas potenciais a uma maior escassez de lenha. No entanto, cada uma destas situações pode também ocorrer por uma série de razões não necessariamente relacionadas com a escassez física ou económica de lenha. A este respeito, Mekonnen (1999) descobriu que um agregado familiar na Etiópia não utilizava menos estrume quando havia mais árvores disponíveis. Isto deve-se muito provavelmente às qualidades específicas de combustão do estrume que o tornam adequado para ser combinado com a lenha para cozinhar o prato nacional *injera*. Embora o aumento da escassez possa causar certos comportamentos nalguns casos, a relação entre o comportamento e a escassez é uma importante via de análise. O comportamento não deve ser utilizado cegamente como um indicador de escassez.

5.2 Efeitos da escassez de madeira para combustível

Numa situação de escassez, os agregados familiares respondem utilizando árvores de menor valor económico porque causam menos conflitos no agregado familiar e na vizinhança. Os fogões melhorados, a colocação de alimentos na água antes de cozinhar, a recuperação de lenha semi-queimada, a utilização múltipla e económica do fogo, a utilização de lenha e de estrume de animais de forma sinérgica constituem mecanismos de sobrevivência (Mahiri, 2002). Quando a escassez implica que as famílias pobres percorram longas distâncias para obter lenha, estas famílias reagem tendo mais filhos (Tientenberg, 2006).

Os agregados familiares tendem a passar mais tempo a recolher lenha à medida que esta se torna mais dispendiosa. O custo pode ser medido pelo preço de mercado, pelo preço-sombra, como o tempo gasto na recolha de lenha, ou por uma medida física, como a diminuição das existências florestais ou a diminuição da acessibilidade à floresta. medida que aumenta o tempo (custo de oportunidade) gasto na recolha de lenha, prevê-se uma situação de escassez. Van't Veld et al. (2006) articulou uma exceção a esta discussão sobre o tempo de recolha: os agregados familiares não passam mais tempo à procura de lenha quando a disponibilidade de biomassa em áreas comuns diminui. Em vez disso, é menos provável que os agregados familiares recolham em áreas de acesso comum e é mais provável que utilizem combustível produzido por particulares.

Noutra apresentação, Cooke et al. (2008) sustentaram que as famílias suportam um custo quando os combustíveis de madeira se tornam mais caros por alguma razão. As famílias mais pobres são susceptíveis de suportar um encargo maior porque o combustível consome uma grande parte das suas despesas totais. A escassez também reduziu a produção agrícola em resultado da reafectação dos factores de produção à agricultura. O declínio da nutrição e da saúde está também ligado à escassez de lenha. Isto ocorre quando se verificam mudanças nos hábitos de cozinha, uma vez que a mão de obra é reafectada da preparação dos alimentos ou quando a quantidade e o tipo de combustível utilizado são alterados (Ayanwuyi et al., 2007).

Amacher et al. (2001) estimaram o impacto direto da disponibilidade de lenha na saúde. Segundo ele, à medida que a madeira se tornava menos acessível, as pessoas nas terras altas da Etiópia tinham mais probabilidades de adoecer. Aparentemente, a redução da utilização de lenha para aquecimento resultou numa maior incidência de doenças. Hyde e Kohlin (2000) estavam preocupados com o facto de a escassez de lenha ter provocado efeitos distributivos adversos, na medida em que as famílias pobres se tornavam frequentemente vendedoras de lenha. Essencialmente utilizando recursos de acesso livre para gerar rendimento, considerou-se que isto aumentava o problema da desflorestação (Amacher et al., 2001).

5.3 .0 Materiais e métodos

5.4 .1 Descrição da zona de estudo

O distrito de Soroti está localizado no leste do Uganda, situa-se aproximadamente nas latitudes 1°33' e 2°23' Norte do equador, 30°01' e 34°18' graus Este do Meridiano Principal e está a mais de 2.500 pés acima do nível do mar com afloramentos rochosos isolados. O distrito cobre aproximadamente 2.662,5 km^2 dos quais 2.256,5 km^2 são terra e 406 km^2 são água (Okori *et al.*, 2002). A área é em grande parte coberta por rochas do complexo basal de idade pré-cambriana que incluem; granitos, mignalitos, gneiss, xistos e quartzitos com quatro unidades principais de solo; catena Serere e Amuria; complexo Metu e série Usuk (DSER, 1997).

A vegetação da zona é uma mistura de bosques, savana arborizada, savana herbácea, florestas e vegetação ribeirinha (DSER, 1997). A savana arborizada consiste numa savana húmida de *Acacia* associada a *Hyparrhenia spp* e *combretum* associado a *Hyparrhenia ssp*, enquanto *Hyparrhenia spp, Themeda* e *Imperata cylindricum* são a savana herbácea dominante (DSER, 2004). Extensões de vegetação ripícola (vegetação de zonas húmidas) com prados arbóreos dispersos associados a *Setaria incrassate Hyparrheria rufa, Accacia sayel Acaccia fistula, Balanities*

aegyptica e *Terminalia spp, Cyperus papyrus, Aeschynomen, Cyperus articulatus, Ulylectrum digitatum, Suddia sagitifolia* (DSER, 1997; Byaruhanga e Kigoolo, 2005). Estas zonas húmidas são utilizadas como áreas de alimentação por aves pernaltas, incluindo as espécies globalmente vulneráveis, tais como o shoebill (*Balaeniceps rex*), o Fox Weaver (*Ploceus spekeoides*), a codorniz azul (*Coturnix adansonii*) e o pica-pau de bico amarelo (*Buphagus africanus*) e também fornecem lenha (Byaruhanga e Kigoolo 2005; NEMA 2006).

5.3.3 Identificação das espécies de árvores de madeira para combustível utilizadas

Pediu-se aos inquiridos que enumerassem o tipo de espécies de árvores que utilizavam habitualmente e as que preferiam utilizar para cozinhar. A identificação científica dos espécimes foi guiada por Katende et al. (1995). Os nomes locais identificados pelos inquiridos foram comparados com os nomes botânicos documentados.

5.3.4 Identificação e documentação das estratégias de proteção da madeira para combustível

Foram conduzidas discussões de grupos focais em três aldeias de Adoku, Jelel e Ajesa para identificar agricultores e agregados familiares bem sucedidos, estabelecer a atitude da comunidade em relação à plantação de árvores, os desafios que enfrentam e outras estratégias de sobrevivência energética utilizadas nos agregados familiares. Os presidentes dos Conselhos Locais (CLs) e os Secretários do Ambiente foram propositadamente incluídos nas discussões devido às suas responsabilidades na comunidade. Os anciãos da aldeia foram escolhidos devido à sua vasta experiência em assuntos comunitários, enquanto as mulheres foram incluídas porque são os utilizadores finais da lenha e, tradicionalmente, são as guardiãs do fogo. Os agricultores bem sucedidos, identificados pelos coordenadores dos Serviços Nacionais de Aconselhamento Agrícola (NAADS), foram incluídos devido à variedade de adaptações que efectuaram. Para além das discussões dos grupos de centragem realizadas, foram incluídas no questionário do inquérito aos agregados familiares perguntas específicas sobre as estratégias de sobrevivência dos agregados familiares face à escassez de lenha.

5.4.1 Conclusões e discussão

5.4.2 Dependência de lenha no sub-condado de Olio

A lenha foi o combustível dominante utilizado pelos agregados familiares no sub-condado de Olio (98,8 %) para cozinhar e conservar alimentos (Figura 5.1.1). Isto é comparável ao consumo de 98% em Nouna, Burkina Faso (Yamamoto et al., 2009). Em média, as famílias gastaram o equivalente a 1.289 xelins por dia em lenha. Isto traduzir-se-ia em cerca de 470, 485 xelins (235,2 USD) equivalentes por ano. Segundo Ahmet et al. (2008), a elevada dependência da lenha deve-se ao facto de a lenha ser uma necessidade das comunidades rurais para cozinhar e iluminar. No entanto, ProudLock (2007) argumentou que a forte dependência das famílias rurais da lenha retrata a importância da energia tradicional da biomassa. Segundo Hasen (1998), isto faz com que o esgotamento antecipado das reservas seja uma ameaça real ao bem-estar e ao crescimento económico.

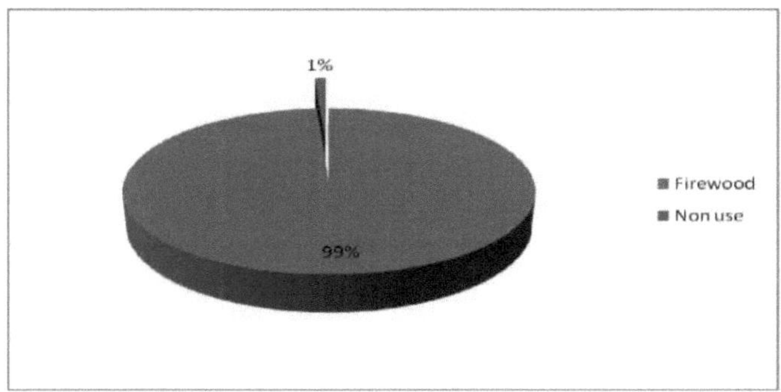

Figura 5.1.1: Agregados familiares que utilizam lenha como principal fonte de combustível (N=490)
Fonte: Autor fevereiro de 2008

Os agregados familiares argumentaram que optaram pela lenha porque: está prontamente disponível (71%), é barata (62%) e eficiente (49%), enquanto 30% acreditam que é uma tradição usar lenha e que as alternativas são caras (Figura 5.1.2). Isto está de acordo com as conclusões de Sikei et al. (2009) em Kakamega, no oeste do Quénia. A dependência de 98,8% dos agregados familiares da lenha declara a pobreza energética. A pobreza energética refere-se à ausência de escolha suficiente no acesso a serviços de energia adequados, acessíveis, fiáveis, de qualidade, seguros e ambientalmente benignos para apoiar o desenvolvimento económico e humano (MFPED, 2006).

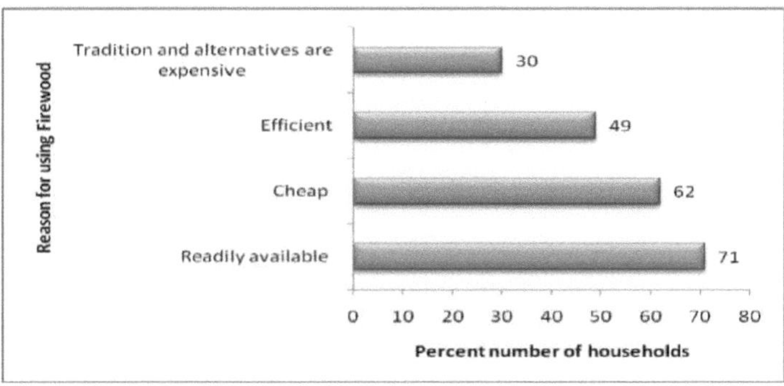

Figura 5.1.2: Motivo da dependência dos agregados familiares em relação à lenha (N=490) **Fonte:** Autor junho 2010

Os outros indicadores que afirmam a pobreza energética incluem: baixos serviços de eletricidade e de energia solar, 4,7% e 0,4%, respetivamente. Este baixo consumo de combustíveis modernos dificulta a concretização da tão ambicionada industrialização. Embora a energia não seja diretamente mencionada como um dos ODM, deve ser considerada como um nicho na consecução do desenvolvimento humano sustentável. Este

A Comissão Europeia está empenhada em melhorar a sustentabilidade ambiental (ODM7), com ofeitos de interligação para a realização do ODM3 (promoção da igualdade e da autonomia das mulheres) e do ODM1 (erradicação da fome e da pobreza extremas).

5.4.3 Utilização de resíduos de culturas como combustível para cozinhar

Há um número crescente de agregados familiares que utilizam resíduos de culturas como combustível, com 60% a referi-lo como a sua principal fonte de combustível numa base diária (Figura 5.1.3). Usaram talos de mandioca, espigas de milho e talos de sorgo, entre outros. No entanto, Akoboi registou mais agregados familiares (72,2%) a utilizar resíduos de culturas em geral. Esta situação está a aumentar rapidamente porque 25% dos agregados familiares atribuíram a sua utilização à escassez de lenha, enquanto 18% consideraram que os resíduos de culturas eram um substituto imediato da lenha e do carvão.

Isto corrobora as conclusões feitas por Begumana (1996) nos distritos de Tororo e Mubende, segundo as quais as famílias rurais responderam à escassez de biomassa recorrendo a combustíveis de valor energético inferior, tais como resíduos de culturas e arbustos. No entanto, os anciãos da comunidade observaram que o aumento da colheita de resíduos de culturas está a deixar as hortas abertas e fez com que as ervas daninhas invadissem as hortas, especialmente a erva daninha striga, que se tornou comum. Isto está a ter um efeito devastador no rendimento das colheitas de sorgo e de milho-miúdo.

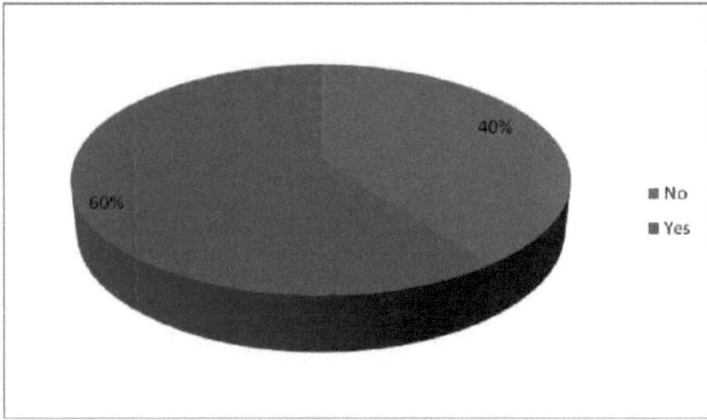

Figura 5.1.3: Utilização de resíduos de culturas para cozinhar (N=490)

Fonte: Autor junho de 2010

Dos 60% de agregados familiares que relataram o uso de resíduos de culturas, 40% usaram-nos para cozinhar e atribuíram-no à escassez de lenha (25%), substituto imediato (22%) e os resíduos de culturas não tinham uso após a colheita (5,3%). Outras razões avançadas por uma secção transversal dos agregados familiares (18%) incluíam: os resíduos das colheitas são abundantes, baratos, fáceis de recolher, fiáveis e prontamente disponíveis e constituem parte da limpeza do jardim (Figura 5.1.4). Estas razões reforçam o argumento apresentado por Cooke et al. (2008) de que a utilização de combustível de baixa qualidade, como galhos, resíduos de culturas e estrume, é indicativa de respostas a uma maior escassez de lenha.

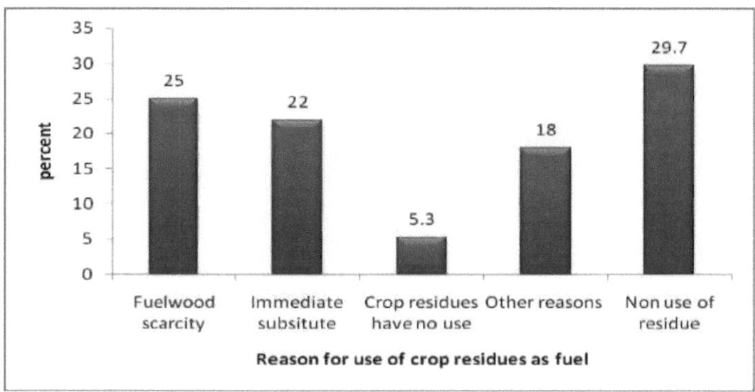

Figura 5.1.4: Razão para utilizar resíduos de culturas como combustível (N=490)

Fonte: Autor junho de 2010

Katcho (2006) observou que a utilização de resíduos agrícolas como combustível estava a tornar-se predominante em áreas com escassez de lenha na região do Rift Albertino do Uganda. Estes resíduos teriam sido utilizados para manter a fertilidade do solo. A utilização de resíduos agrícolas para energia doméstica está, portanto, a exacerbar a degradação dos solos e das terras. Esta situação pode levar a uma baixa produção alimentar com efeitos duplos: pode levar ao abate de mais terras florestais para a produção alimentar ou à utilização de grandes quantidades de fertilizantes inorgânicos dispendiosos e outros produtos agroquímicos. Além disso, os impactos ambientais destes efeitos são adversos (Amoding e Tenywa, 2003).

5.4.5 Fontes de madeira para combustível, meios de recolha e calendários de recolha

As florestas comunitárias predominaram como fonte de lenha (71%) para o abastecimento de energia (Figura 5.1.5). As mulheres e as crianças argumentaram que recolhiam menos em terras privadas porque as árvores eram cortadas para criar jardins, enquanto as florestas do governo eram insignificantes, com 0,2%, por terem sido cortadas.

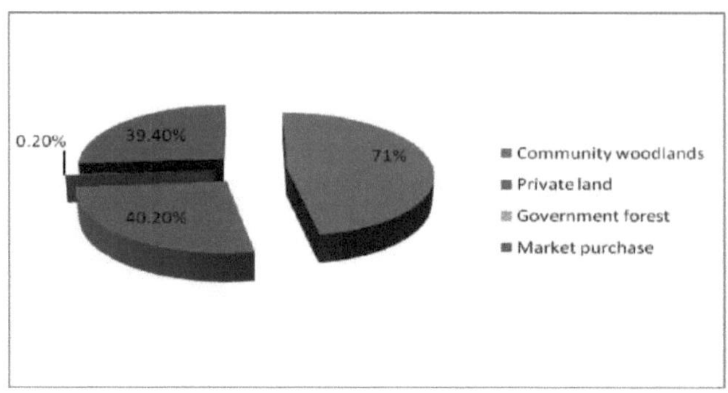

Figura 5.1.5: Fontes de lenha para vários agregados familiares (N=490)
Fonte: Autor junho de 2010

O chouriço (83%) constituiu o modo dominante de transporte de lenha dentro dos agregados familiares. Enquanto 70% dos agregados familiares relataram não usar bicicletas na recolha de lenha e 99,2% dos agregados familiares não tinham qualquer outro meio de transporte de lenha, exceto o chouriço e o uso de bicicletas (Figura 5.1.6).

O predomínio do "head pottage" como meio de transporte de lenha pode ser atribuído ao predomínio de mulheres adultas (69%) no fornecimento de mão de obra para a recolha de lenha. Isto deve-se ao facto de, tradicionalmente, entre os Iteso, Deus ter legado à mulher o papel de guardiã do fogo. Uma observação semelhante foi feita por Tabuti (2003) no condado de Bulamogi (Uganda), segundo a qual as mulheres são responsáveis pela recolha de lenha. Uma situação semelhante foi observada no Malawi e na Tanzânia (Biran et al., 2004). Num estudo anterior conduzido por Bryaceson e Howe (1993), centrado no transporte doméstico rural em África, foi estabelecido que o principal encargo da recolha de lenha recai sobre as mulheres.

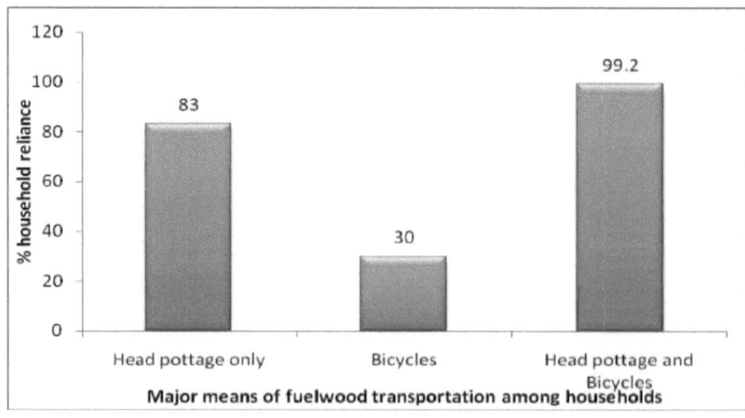

Figura 5.1.6: Principais meios de transporte de lenha entre os agregados familiares (N=490)
Fonte: Autor junho de 2010

Semanalmente (75%) foi o período de retorno dominante da recolha de lenha, diariamente 15% e quinzenalmente 10%, com um tempo médio de recolha de 3 horas (Figura 5.1.7). Isto significa que, em média, as mulheres que recolhiam madeira para combustível semanalmente perderam rendimentos equivalentes a 432.000 xelins (232 dólares americanos) por ano, enquanto as que recolhiam diariamente perderam o equivalente a 1.080.000 xelins (580 dólares americanos). Isto acontece no contexto da sua atual posição material e económica desfavorecida. A distância média percorrida para a recolha de lenha foi de 2 quilómetros. Isto mostra um aumento da distância em relação à média nacional esperada (0,73 km) percorrida pelos aldeões em 2002/2003. Isto constitui um desafio maior para os objectivos do Plano de Ação para a Erradicação da Pobreza (PEAP) de reduzir a distância percorrida pelos aldeões até às fontes de lenha para 0,5 km em 2007/2008.

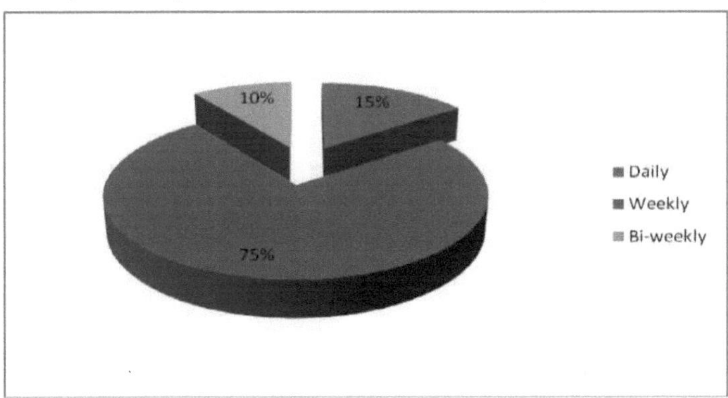

Figura 5.1.7: Programa de recolha de lenha do agregado familiar (N=490)
Fonte: Autor junho de 2010

A frequência da recolha diminuiu à medida que a distância aumentou em 89% dos agregados familiares. Os inquiridos argumentaram que incorreram em custos de oportunidade mais elevados, incluindo: mulheres que abandonam as hortas mais cedo em busca de lenha, crianças que não vão à escola mais cedo e, por vezes, nem sequer vão. Isto corrobora as conclusões de Gbetnlkom, (2007) nos Camarões, segundo as quais a desflorestação exigia muito do tempo das mulheres e das crianças, limitando as suas oportunidades de obter educação ou de realizar actividades geradoras de rendimentos.

Os inquiridos argumentaram ainda que há uma desonra de normas e crenças culturais de longa data relativamente a árvores específicas para lenha. Isto foi igualmente constatado em Kakamega (Quénia), onde os agregados familiares tendiam a reorientar a sua atenção para outras fontes próximas, de preferência as suas próprias quintas (Sikei, 2009). Isto confirma a afirmação de Cooke et al. (2008) de que o aumento da distância que tem de ser percorrida para a recolha de lenha é um indicador do défice de lenha e, por conseguinte, da existência de escassez de lenha.

5.4.6 Espécies de árvores para lenha

Os agregados familiares utilizavam habitualmente espécies de árvores *combretnum molle* (enyama) para lenha (42,7%); seguia-se a espécie *Acacia Polyacantha willd* (egirigiroi) com 18,2%. O argumento para a elevada confiança no *combretnum molle* foi a sua facilidade de fracionamento, disponibilidade e capacidade de regeneração rápida. Enquanto os que confiavam na *Acacia Polyacantha argumentavam* que esta tinha boas qualidades de combustão, tais como produzir menos fumo, capacidade de secar rapidamente quando derramada húmida e a sua madeira pode reter o fogo durante muito tempo (Figura 5.1.8). No entanto, há um uso indiscriminado de espécies de árvores para lenha, 71,2% dos agregados familiares não têm árvores específicas que usam para lenha, Sikei et al. (2009) estabeleceram que os agregados familiares em Kakamega, Quénia, responderam de forma semelhante devido à escassez.

No entanto, significa também uma rutura dos costumes tradicionais em matéria de conservação, uma vez que algumas destas espécies arbóreas, tais como *sarcocephalus latifolius* (eutukidole), *vitex doniana* (ewelo), *butyrospermum paradoxum* (ekunguru), *prosopis africana* (ekiki) e *erythrina abyssinica* (engosorot), *vitex madienis* (ekarukei), *piliostigma thonningi* (epapai), *tamarindus indica* (epeduru), *euphorbia candelabrum* (epopong), *grewia mollis* (eparis) e *milicia excelsa* (elua) eram tradicionalmente proibidas para cozinhar. É também indicativo de um declínio do arvoredo e ilustra a escassez física de lenha na zona.

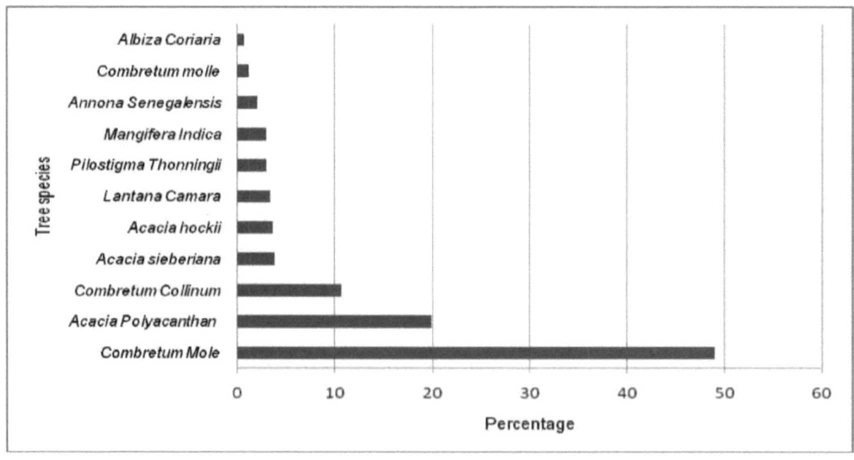

Figura 5.1.8: Espécies de árvores comuns utilizadas para cozinhar (N=490)

Apesar do corte indiscriminado de espécies de árvores para lenha, os agregados familiares ainda têm preferência por espécies de acácia, por exemplo *Acacia Polyacantha willd* (Igirigiro); 60,4%, *Acacia hockii*; 16,9% (Figura 5.1.9). Esta preferência foi atribuída às boas qualidades de combustão destas espécies arbóreas, à retenção do fogo durante muito tempo, à aceitabilidade cultural e tabu, em que nenhum visitante pode prender uma mulher por usar árvores tabu para cozinhar. Isto também foi observado por Tabuti, et al., (2003) no condado de Bulamogi, Uganda.

Tamarindus indica (Epeduru), *Combretnum molle* (Enyama), *Prosopis Africana* (Eikik) e *Butyrospermum Paradoxum* (Ekunguru) são as espécies arbóreas mais ameaçadas identificadas pela comunidade (apêndice A: Placa 4). Argumentaram que estas árvores têm utilizações polivalentes. Isto tornou-as muito procuradas, mas as suas taxas de crescimento e sobrevivência são muito baixas. Como resultado, o seu stock tem vindo a diminuir. A preferência por determinadas espécies de árvores varia de acordo com as qualidades específicas de combustão da madeira, que se reflectem na Tabela 5.1.

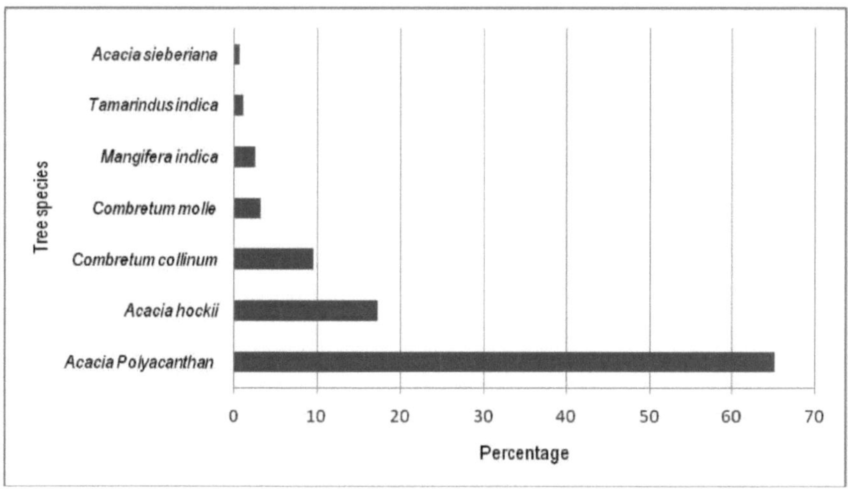

Figura 5.1.9: Espécies de árvores preferidas para cozinhar (N=490)
Fonte: Autor maio de 2009

Quadro 5.1: Espécies preferidas, sua disponibilidade percebida e qualidades desejáveis para lenha (N=490)

Tree species	Local name	% response	Perceived availability	Desirable qualities of fuel wood
Acacia polyacantha willd	Egirigiroi	60.3%	Quite available	Long time fire retention, less smoke, easy to spilt, dries faster when spilt live and culturally acceptable
Acacia hockii	Ekisim	16.9%	Not readily available	Retains fire for a long time, culturally accepted.
***	Akero	4.7%	Not readily available	Burns faster and easy to light
Combretum collinum	Ekulony**	9.6%	Not readily available	Long hours of fire retention and produces less smoke
Combretum molle	Enyama	3.3%	Available	Re-grows rapidly when cut, cheaper than the rest when purchased
Mangifera indica	Emyebe**	2.6%	Quite available	Burns well even when not properly dry, available within compounds and own land
Tamarindus indica	Epeduru**	1.2%	Not readily available	Quite heavy and good for carbonization into charcoal
Acacia sieberiana	Etirir	1.2%	Not readily available	Good flame when properly dry and culturally acceptable
*Prosopis africana**	Eikik	**	Not readily available	Hardwood good for building poles and oxen yokes
*Butyrospermum paradoxum**	Ekunguru	**	Not readily available	Hard and good for carbonization to charcoal

*Presença escassa na zona. **Estabelecido durante os FGDs que estas espécies de árvores estão altamente ameaçadas porque são preferidas pelos carvoeiros. ***Nome da espécie de árvore ainda não identificado

Fonte: Autor maio de 2009

1.1.7 Utilização de lenha por estação do ano na Subprefeitura de Olio

Os agregados familiares referiram que utilizavam mais lenha durante a estação seca (87,1 %). Este facto foi atribuído aos ventos fortes (53,3%) e à madeira muito seca em 20,2% (Figura 5.2.0). A perceção da disponibilidade de lenha, o frio noturno que exige o aquecimento da água para o banho e a disponibilidade de mão de obra para a recolha de lenha, uma vez que as crianças têm pouco trabalho a fazer, foram outras razões apontadas para a maior utilização de lenha durante a estação seca. Isto corrobora as conclusões feitas por Njiti e Kemcha (2002) nos Camarões, segundo as quais a exploração e a utilização da madeira são mais intensivas nas estações secas porque o acesso às fontes de recolha é mais fácil e não há atividade agrícola.

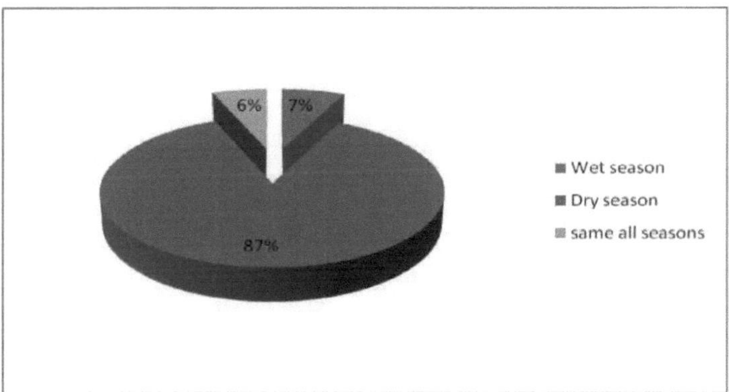

Figura 5.2.0: Época em que é utilizada mais lenha no agregado familiar (N=490)
Fonte: Autor junho de 2010

Cerca de 7,3% dos agregados familiares admitiram utilizar mais lenha durante a estação das chuvas, argumentando que é necessário utilizar demasiada lenha para obter um aquecimento eficaz. Além disso, muito é armazenado durante a estação seca em preparação para a estação húmida. Isto contrasta com as constatações feitas por Atkins et al. (2008) em Uru, Tanzânia, onde as famílias argumentaram que quando as chuvas são tão intensas, a recolha de lenha é difícil e a lenha seca é rara. Como resultado, geralmente consomem menos. Apenas 5,5% das famílias acreditavam que o uso de lenha era o mesmo em todas as estações. Isto não pode ser explicado porque não foram efectuadas experiências. No entanto, Adetunji et al. (2007) argumentaram que na Nigéria se consome mais lenha durante as férias, quando as crianças em idade escolar podem participar na recolha.

1.1.8 Combustível para iluminação

O querosene foi o tipo dominante de combustível utilizado para iluminação por 94,5% dos agregados familiares. 91,4% utilizavam principalmente uma lâmpada de vela de querosene (Etodoma) para iluminação (Figura 5.2.1), enquanto 5,1% utilizavam querosene e eletricidade. Os agregados familiares que utilizavam energia solar (fotovoltaica) eram quase insignificantes (0,4%). Este tipo de cenário significa pobreza energética nesta parte do país. As lâmpadas de querosene utilizadas (Placa 5.1) e a lenha são muito ineficientes e perigosas; apresentam riscos para a saúde e causam problemas ambientais devido à poluição do ar interior (OMS, 2007). Durante o estudo, observou-se que o interior dos telhados das casas estava coberto de fuligem preta, uma indicação de poluição do ar interior.

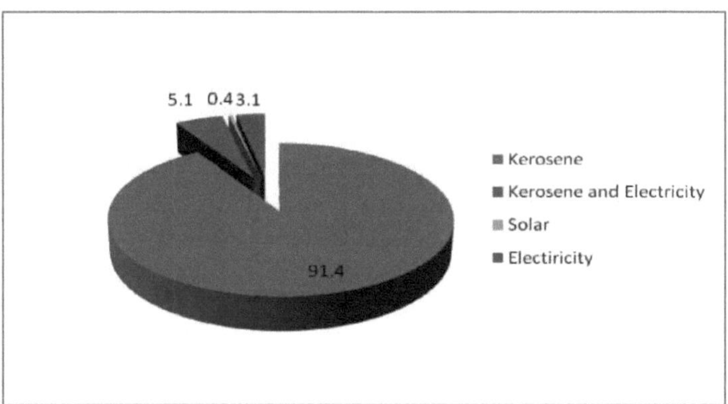

Figura 5.2.2: Energia doméstica para iluminação (N=490)
Fonte: Autor junho de 2010

Além disso, os inquiridos queixaram-se de casas com fumo durante a noite e de irritações, incluindo tosse frequente, especialmente nos bebés. De acordo com Schultz (2008), o maior risco para a saúde causado pelos candeeiros de querosene é a poluição do ar interior. Isto deve-se ao facto de os candeeiros de querosene (placa 5.1) emitirem gases nocivos como o monóxido de carbono (CO), óxidos de enxofre (Sox), óxidos de azoto (NOx) e partículas (PM)[8,9] . No entanto, Shubham (2003) parece não se importar com os efeitos nocivos do querosene, argumentando que este resulta na produção conjunta de serviços que uma família valoriza, como cozinhar, aquecer e iluminar.

Placa 5.1 *Etodoma* iluminado durante a noite (ripas de querosene)

Fonte: Autor dezembro de 2008

5.5 Estratégias de proteção da madeira combustível no sub-condado de Olio

As respostas adaptativas que evoluíram são de dois tipos: os mecanismos de sobrevivência a curto e a longo prazo (Tabela 5.2). Na adaptação imediata e de curto prazo, 27,8% dos agregados familiares apagaram o fogo depois de cozinhar. A modificação dos fogões tradicionais para uma versão do fogão de Lorena foi encontrada em 14,1% dos agregados familiares. Apenas 1% utilizou de forma consistente o fogão modificado. O fogão é construído com barro local, tijolos e um anel de corrente de bicicleta (*ananga*) (Placas 5.2 e 5.3). Os agregados familiares que utilizaram este fogão elogiaram-no por poupar lenha, manter o fogo e reter o calor durante mais tempo, prolongar a vida útil dos utensílios de cozinha e permitir que se possa tratar de outras tarefas. No entanto, os maridos queixam-se de que a comida demora mais tempo a ficar pronta, ao contrário do que acontece quando as suas mulheres utilizam as três pedras de cozer.

Placa 5.2: Fogão economizador de lenha melhorado (construção autóctone)

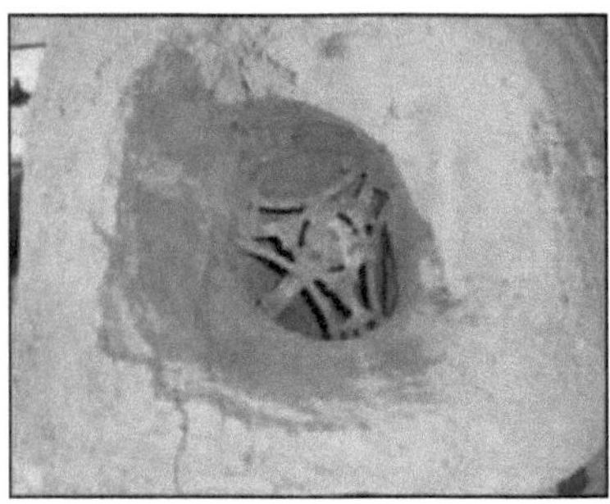

Placa 5.3: O interior do fogão melhorado local
Fonte: Autor dezembro de 2008

Houve um uso complementar de espécies de queima de baixa qualidade, como *ficus platyphylla*, *ficus sycomorus* e *piliostigma thonningi*, com espécies de queima de boa qualidade, como *markhamia lutea, tamarindus indica, acacia sieberiana, combretum collinum* e *acacia hockii*. Para além disso, 71.2% dos agregados familiares estavam envolvidos na utilização indiscriminada de espécies de árvores, incluindo espécies tradicionalmente não aceites, como *sarcocephalus latifolius* (edoil), *vitex doniana* (ewelo), *butyrospermum paradoxum* (ekunguru), *prosopis africana* (ekiki), *erythrina abyssinica* (engosorot), *vitex madienis* (ekarukei), *piliostigma thonningi* (epapai), *tamarindus indica* (epeduru), *euphorbia candelabrum* (epopong), *grewia mollis* (eparis), *kigelia africana* (edodoi) e *milicia excelsa* (elowa). Algumas destas espécies de árvores eram tradicionalmente tabu para a cozinha devido ao seu valor medicinal e à sua utilização em cerimónias culturais como o casamento e as danças gémeas.

Cerca de 60% dos agregados familiares utilizaram resíduos de culturas, tais como caules de mandioca, caules e espigas de milho (Quadro 5.4), bem como caules de sorgo. Isto está dentro de margens comparáveis com 51% reportados por Ebanyat (2009) no Distrito de Pallisa dentro do sistema agrícola de Teso. Houve também poda/corte deliberado de arbustos/árvores vivas e árvores de fruto para lenha por 34,8% dos agregados familiares. Não havia árvores arbustivas específicas que fossem objeto de poda deliberada. No entanto, a poda era efectuada indiscriminadamente, desde que a árvore pudesse arder. As que se encontravam mais próximas da propriedade foram as primeiras culpadas.

Placa 5.4: Resíduos de culturas (espigas de milho) armazenados para cozinhar

Fonte: Autor dezembro de 2008

Uma proporção louvável dos agregados familiares, 39,4%, comprava lenha em alturas de necessidade (apêndice A: Quadro 3) como ajustamento à escassez. As donas de casa recorrem por vezes a cozinhar uma vez por dia e a comida é simplesmente aquecida ao jantar. Argumentavam que esta estratégia poupava tempo e energia, assegurava que os filhos jantavam cedo antes de irem para a cama e evitava conflitos com os maridos. As mulheres evitavam cozinhar certos tipos de grãos, especialmente feijões secos; 70%, o que exigia mais lenha para uma refeição adequada. Para comer estes grãos, a sua preparação era modificada, removendo os revestimentos do feijão com cinzas e cozendo-o depois esmagado. Isto corrobora os resultados obtidos por Birikadde et al. (2009) nos campos de deslocados internos no norte do Uganda. A compra de lenha e a alteração dos padrões alimentares constituíram parte dos ajustamentos à escassez. As donas de casa também indicaram que, por vezes, se sentem pressionadas; disseram que "por *vezes, somos apanhadas entre a espada e a parede para ter a comida pronta antes de os nossos maridos voltarem do álcool e antes de as crianças dormirem com fome"*. Além disso, *"durante a estação seca, a vida pode ser muito difícil, o lugar é seco e dificilmente temos dinheiro para comprar comida para os nossos filhos e, por vezes, as crianças choram por causa da fome, e nós também temos vontade de chorar"*. Isto deixa-os sem outra escolha senão recorrer a qualquer coisa que possa fornecer calor significativo para cozinhar.

A agro-silvicultura foi adoptada como uma estratégia de sobrevivência a longo prazo, o que constitui a "ilha" do sucesso. Os agricultores plantam uma série de tipos de árvores, incluindo: mangas de alto rendimento e crescimento rápido; variedades Kent, Tommy, Apple e Boribo, citrinos; variedades Egyptian tang, sweet med, Washington, American tangerine e Hamlin. São também plantadas árvores como pinheiros, cajueiros, jatropha (*ejumula*), eucaliptos, grevillea robusta e *markhamia lutea* (emiti). Cerca de 1% dos agricultores integraram *apiários* nas suas explorações como fonte alternativa de rendimento. Os participantes na agro-silvicultura são principalmente funcionários públicos reformados que dedicaram o seu tempo à agro-silvicultura como um pacote de reforma, como um passatempo na velhice e devido à sua rentabilidade.

Os agricultores estão a ser afectados por uma série de problemas, incluindo a variabilidade climática, dado que a área se situa na região das terras secas. Os custos dos insumos, como sementes e mudas, a disponibilidade e acessibilidade dos insumos, pragas e doenças, incluindo térmitas, custos de mão de obra e alguns comentários negativos de alguns membros da comunidade constituem outros desafios. Num dos FGDs, um membro comentou "*as árvores sempre existiram, encontrámo-las aqui e vão continuar a existir, não plantámos e não precisamos de plantar, elas crescem sozinhas*", este é um sinal claro da apatia em relação à agroflorestação que existe na comunidade, uma atitude que precisa de ser transformada.

Quadro 5.2: Estratégias de adaptação dos agregados familiares à escassez de lenha

Coping Strategies	% response
Modified fuel wood stove	14.1
Extinguishing fire after cooking	27.8
Planting trees in 2008	24.7
Planted trees specifically for fuel wood	3.9
Cutting of live trees for fuel wood	34.8
Use of crop residues for fuel wood	60
Indiscriminate use of tree species including traditionally non-accepted species	71.2
Purchasing fuel wood from the market and/or Hawkers	39.4
Avoidance of Cooking Beans in dry particular	70
Cooking one meal a day	*
Avoidance of cooking some food types	**
Children leaving school early/not going to school on some days	*
Complimentary use of tree species (good and poor quality burning species)	**
Removing bean coatings before cooking	*

N=490 * Questões levantadas nas discussões dos grupos de centragem ** Uma prática comum
Fonte: Autor março de 2009

5.6 Conclusões e recomendações

Com o grande número de famílias ainda dependentes do cultivo de subsistência para a sobrevivência, a área está numa espiral de problemas, incluindo, entre outros, a rápida conversão de terras em terras de cultivo, o esgotamento do stock de vegetação, o aumento contínuo da distância percorrida para recolher lenha, poupanças insignificantes e elevados riscos de insegurança alimentar devido a falhas nas colheitas e uma probabilidade de agravamento dos efeitos das alterações climáticas, incluindo inundações intensas, secas e tempestades de poeira. Isto pode agravar ainda mais o desequilíbrio sofrido pelas terras secas, dado que são um dos ecossistemas mais frágeis do país. Existe uma clara quebra dos costumes tradicionais em matéria de conservação devido ao facto de as famílias utilizarem espécies de árvores formalmente proibidas para cozinhar. Por outro lado, o baixo consumo de combustíveis modernos torna difícil a tão desejada industrialização do país, particularmente nas comunidades rurais camponesas como esta (sub-condado de Olio).

Embora a energia não seja diretamente mencionada como um dos ODM, deve ser considerada como um nicho na consecução do desenvolvimento humano sustentável que reforçará a consecução da sustentabilidade ambiental (ODM7), com um efeito de interligação para a consecução do ODM3 (promoção da igualdade e capacitação das mulheres) e do ODM1 (erradicação da fome e da pobreza extremas).

As adaptações utilizadas pelos agregados familiares precisam de ser aumentadas, especialmente a agro-silvicultura, que demonstrou ser economicamente viável e socialmente aceitável. Os fogões de biomassa melhorados devem ser incentivados entre os agregados familiares e, para reduzir os custos, os chefes de família, mas mais especificamente as mulheres e os artesãos locais, devem receber formação sobre como construir esses fogões utilizando materiais disponíveis localmente. Os grupos de mulheres, como a União das Mães, devem ser alvo de uma ação imediata, o que também lhes pode permitir aumentar os seus rendimentos através da produção de fogões para o mercado local (tendo em conta que, ao tornarem-se empresárias, as mulheres ganham mais auto-confiança e melhoram o seu estatuto na comunidade). Os estudantes do ensino secundário (jovens), como uma força formidável para a mudança, também devem ser envolvidos, porque são ilustres para trazer mudanças, o que deve ser feito através de programas de educação ambiental. É necessário adotar outras técnicas de poupança de lenha, como apagar o fogo depois de cozinhar, demolhar previamente os grãos e o feijão antes de cozinhar, cozinhar com uma tampa, comprar panelas de pressão principalmente para cozinhar grãos e feijão e popularizar a energia solar para o pré-aquecimento. Ao implementar estas estratégias, é vital ter em consideração a conceção socialmente aceitável dentro das normas culturais dos *Iteso* (povo indígena), bem como a sustentabilidade ambiental, económica, social e administrativa das estratégias iniciadas. No entanto, algumas das estratégias de adaptação/cobertura em uso, como o corte de árvores vivas, devem ser desencorajadas por serem insustentáveis.

5.7 Agradecimento

O financiamento para este trabalho veio da generosa contribuição do Fórum da Universidade Regional para o Reforço de Capacidades na Agricultura (RUFORUM) e da Agricultural Innovations in Dryland Africa (AIDA). O meu apreço é ainda extensivo aos indivíduos cujos trabalhos foram citados neste documento. Estou em dívida para com os agregados familiares de produtores de subsistência que deram tempo aos assistentes de investigação para serem entrevistados.

Referências

Abate, F.S. (2009). Impacto das alterações climáticas nos meios de subsistência, vulnerabilidade e mecanismos de resposta: Um estudo de caso da Zona Oeste-Arsi, Etiópia. Msc. Tese de Mestrado, Universidade de Lund, Suécia.

Ademiluyi, I.A., Okude, A.S. e Akanni, C.O. (2008). An Appraisal of Landuse and Land cover Mapping in Nigeria (Uma avaliação da cartografia do uso e ocupação do solo na Nigéria). *Jornal Africano de Investigação Agrícola*. Vol 3 (9) 581-586.

Adetunji, M.O., Adesiyan, I.O., e Sanusi, W.A. (2007). Household Energy Consumption Pattern in Osogbo Local Government Area of Osun State. *Jornal de Ciências Sociais do Paquistão* 4 (1) 9-13

Ahmet, T., Ayahan, A., e Mediha, O. (2008). Utilização de árvores e recursos florestais ao nível do agregado familiar. Um estudo de caso da aldeia de Asagi Yumrutas da região mediterrânica ocidental da Turquia. *Jornal de Investigação da Silvicultura* 2 (1):1-14

Amacher, G.S., Ersado, L., Grebner, D.L. e Hyde, W.F. (2004). Disease, Microdams and Natural Resources in Tigray, Ethiopia: Impacts on Productivity and Labour Supplies. *Journal of Development studies* 40(6): 122-145

Amoding, A., e Tenywa, J.S. (2003). Utilização de resíduos de culturas urbanas para melhorar a fertilidade do solo num sistema de produção de culturas. Esforço integrado para o avanço da ciência e gestão do solo para melhorar a agricultura e os meios de subsistência das pessoas. Actas da 20ª Conferência da Sociedade de Ciência do Solo da África Oriental, 2 a 6 de dezembro de 2002. Mbale, Uganda.

Anantha, K. D., e Marlene, R. (2007). Poverty and Ecosystems (Pobreza e Ecossistemas): Prototype Assessment and Reporting Method-Kenya Case Study. Instituto Internacional para o Desenvolvimento Sustentável.

Anorld, M., Kohlin, G., e Persson, R. (2003). Fuel wood revisited: What has Changed in the Last Decade? Documento ocasional do CIFOR No.39

Centro de Investigação Aprovecho (ARC), (2008). Produção em Massa de Fogões de Cozinha a Lenha Melhorados. ARC, China.

Austin, G., Cocchi, M., Dafrallah, T., Chavez, R.D., Dornburg, V., Hoffmann, M., Johnson, F., Mutimba, S., Muyinda, K., Robinson, J., Senechal, S., Stepniczka, A., e Yamba, F.D. (2009).

Sistemas de Bioenergia Tradicionais, Melhorados e Modernos para a África Semi-Árida e Árida, COMPETE.

Atkins, M., Fuchs, M., Hoffman, A. e Wilhelm, N. (2008). Digestores de Biogás: Um projeto-piloto em Uru, Kilimanjaro, Tanzânia. Projeto Assida, Providence RI, EUA.

Ayanwuyi, E., Oladosu, I.O., Ogunlade, I. e Kuponiyi, F.A. (2007). Rural Women Perception of the effects of Deforestation on their Economic Activities in Ogbonoso Area of Oyo State, Nigeria (Perceção das mulheres rurais sobre os efeitos da desflorestação nas suas actividades económicas na zona de Ogbonoso do Estado de Oyo, Nigéria). *Jornal de Ciências Sociais do Paquistão* 4 (3): 474-479

Ayuke, F.O., Rao, M.R., Swift, M.J., e Opondo-Mbai, M.L. (2007). Assessment of Biomass Transfer from Green Manure to Soil Macro-fauna in Agro-ecosystem-Soil Macro-fauna Biomass. *Jornal Africano de Investigação Agrícola* Vol 2 (29): 411-421.

Baland, J.M., Bardhan, P., Sanghamitra, D., Mookhherjee, D., Sarkar, R. (2007). The Environmental Impact of Poverty: Evidence from Fuel wood Collection in Rural Nepal. *Forest Economics* Vol (4) 320-450.

Bardhan, P., Baland, J.M., Das, S., Mookherjee, D., e Sakar, R. (2001). Household Fuel wood Collection in Rural Nepal: The Role of Poverty, Collection Action and Modernisation, Universidade da Califórnia, Berkeley.

Beare, M.H., Reddy, M.V., Tian, G., e Scrivasta, S.C.(1997). Agricultural Intensification, Soil Biodiversity and Agro-ecosystem Function in the Tropics: The Role of Decomposer Biota. *Applied Soil Biology* Vol 6: 87-108.

Begumana, J.(1998). Até que ponto a utilização da biomassa é sustentável em Tororo e Mubende? Msc. Tese, Universidade de Makerere 30-40pp.

Bensel, T. (2008). Fuel wood, Deforestation, and Land Degradation: 10 years of Evidence from Cebu Province, the Philippines. *Land Degradation and Development* 19(6): 587-605

Bhagavan, M.R., e Karekezi, S. (1997). Gestão da energia em África: Consumo e

Substitution in Selected Areas of Botswana (Substituição em áreas seleccionadas do Botswana), Zed books Ltd. Londres.

Biran, A., Abbot, J., e Mace, R. (2004). Famílias e lenha: A Comparative Analysis of the Costs and

Benefits of Children in Fuel wood Collection and Use in Two Rural Communities in Sub-Saharan Africa. *Ecologia Humana*, Vol.32, No.1

Bikash, C.S.R. (2009). Fuel wood, Alternative Energy and Forest user Groups in Chianti Wildlife Sanctuary. Departamento Florestal, Bangladesh.

Birikadde, G.K., Mating, M., e Clancy, J. (2009). Fuel Security and Supply Dynamics in Internally Displaced Persons' Camps of Northern Uganda (Segurança do Combustível e Dinâmica do Abastecimento nos Campos de Pessoas Deslocadas Internamente do Norte do Uganda). *Jornal de Assistência Humanitária*

Buyinza, M., e Teera, J. (2008). A System Approach to Fuel wood Status in Uganda: A Demand-Supply Nexus. *Research Journal of Applied Sciences* 3 (4): 264-275.

Boiling Point, (1999). A energia doméstica e o ambiente: Intermediate Technology, No 42. www.hedon.info/BoilingPoint42-Spring1999 acedido em setembro de 2008

Bowlig, S., e Odeke, M. (2007). Household food security effects of certified organics export production in tropical Africa: A gendered Analysis. Um relatório de investigação apresentado ao EPOPA (Sida).

Bradley, P.N. (1991). Wood fuel: Women and Woodlots, Macmillan, Hong Kong.
Bryan, F.J.M. (1992). Bootstrapping for Determining Sample Sizes in Biological Studies. *Journal of Experimental Marine Biology and Ecology*, 158(2):189-196

Bryman A. (2008). Social Research methods, Oxford New York.

Bryceson, D.F., e Howe, J. (1993). Rural Household Transport in Africa: Reducing the Burden on Women? *World Development* 21(11): 1715-1728.

Byarunhanga A e Kigoolo S. (2005). Folha de informação Ramsar (RIS) do sistema de zonas húmidas do Lago Bisina. Nature Uganda, Kampala Uganda 8-9pp

Chaudhuri, S. e Pfaff, S.P. (2003) "Fuel-choice and indoor air quality: A Household-level Perspective on Economic Growth and the Environment". Mimeo Columbia University, Nova Iorque. 7-11pp

Chomitz, K., e Griffths, C. (1997). An Economic Analysis of Wood Fuel Management in the Sahel. O caso do Chade. Documento de trabalho de investigação política do Banco Mundial 1788

Chowdhury, R.R. (2006) Driving forces of tropical deforestation: The role of remote sensing and spatial models Singapura. *Jornal de Geografia Tropical* (27) 82-101

Cooke. P., Hyde, F., e Kohlin, G. (2008). A Wood fuel Crisis; Where and for Whom? Departamento de Economia, Universidade Luterana do Pacífico 8-13pp

Cooke. P., Kohlin, G., e Hyde, F.W. (2008b). Fuel wood, Forests and Community Management-Evidence from Household Studies. *Environmental and Development Economics* 13:103-135

Plataforma de Competência sobre Culturas Energéticas e Sistemas Agroflorestais para Ecossistemas Áridos e Semi-Áridos - África (COMPETE), (2008). Políticas e Estratégias Nacionais sobre Bioenergia em África: Um Estudo de Caso do Botswana, COMPETE 6-7pp

Cuthbert, A. L. e Dufournaud, C.M. (1998). "An econometric analysis of fuel wood consumption in Sub-Saharan Africa" *Environment and Planning A* 30 (4) 721 - 729

Dovie, B.D.K., Witkowski, E.T.F., e Shackleton, C.M.(2004). The Fuel wood Crisis in Southern Africa-Relating Fuel wood Use to Livelihood in Rural Village. *Geo J.* 60:123133.

Dzioubinski, O., e Chipman, R. (1991). Economic and Social Affairs: Trends in Consumption and Production; Household Energy Consumption, Documento de Discussão DESA n.º 6, 5-9pp

Ebanyat, P. (2009). A Road to food? Eficácia das opções de gestão de nutrientes orientadas para paisagens de solo heterogéneas no sistema agrícola de Teso, Uganda. Tese de doutoramento não publicada, Universidade de Wageningen 19-32pp

Elias, R.J., e Victor, D.G. (2005). Energy Transition in Developing Countries: A review of Concepts and Literature. Working Paper No. 40. http://pesd.stanford.edu/.../energy transitions in developing countries a review of co ncepts and literature/ acedido em 4 de junho de 2009

Esikuri, E.E. (1998). Efeitos espácio-temporais das alterações do uso do solo na área de vida selvagem da Savana do Quénia. Tese de doutoramento, Universidade Estatal 31-54pp

Fasona, M.J., e Omojola, A.S.(2005). Climate Change, Human Security and Communal Clashes in Nigeria (Alterações Climáticas, Segurança Humana e Conflitos Comunais na Nigéria). Documento apresentado num Workshop Internacional sobre Segurança Humana e Alterações Climáticas, Asker, Noruega, 21-23 de junho de 2007

Filmer, D., e Pritchett, L.H. (2002). "Environmental degradation and the demand for children: Searching for the Vicious Circle in Pakistan". *Ambiente e Desenvolvimento Economia*, 7:123-46.

Organização das Nações Unidas para a Alimentação e a Agricultura-FAO, (1991). Produtos Florestais, Projecções de Perspectivas Mundiais: Projections of Consumption and Production of World-Based Products 2010, Food and Agricultural Organization, Forestry Paper 84, Vol. II

Organização para a Alimentação e a Agricultura-FAO, (2004). Unified Bio-energy Terminology Roma, Organização das Nações Unidas para a Alimentação e a Agricultura 4-7pp

Departamento Florestal-FD, (2003).   Estudo Nacional de Biomassa   . Ministério da Água, Terras e
Ambiente. Kampala, Uganda. 33-58pp

Foley, G. (1985). Wood fuel and Conventional fuel Demands in the Developing World. *Ambio*, Vol.14. No.4/5 253-258

Geist, H. J., e Lambdin, E. F. (2001). What Drives Tropical Deforestation? A Meta-Analysis of Proximate and Underlying Causes of Deforestation Based on Sub-National Case Study-Evidence. Louvain-la-Neuve, Bélgica: Gabinete de Projectos Internacionais LUCC.

Giannecchini, M., Wayne, T., e Coleen, V. (2007). Land-cover change and HumanEnvironment Interactions in a Rural Cultural Landscape in South Africa (Mudança do coberto vegetal e interacções homem-ambiente numa paisagem cultural rural na África do Sul). O

Revista Geográfica, 173 (1):26-42

Gbaguidi, O.A. (2008). Factores-chave da procura de energia na zona da CEDEAO. Actas da Conferência Económica Africana, 10-166pp. www.afbd.org/fileadmin. acedido em 16 de julho de 2010

Gbetnkom, D. (2007). Forest Management, Gender and Food Security of the Rural Poor in Africa, Universidade das Nações Unidas-WIDER 13-18pp

Governo do Uganda (GoU), (2007). Plano de Paz, Recuperação e Desenvolvimento para o Norte do Uganda (PRDP). Governo do Uganda, Kampala Uganda 65-74pp

Gujarati, D.N (1995). Basic econometrics. McGraw-Hill, Inc. Nova Iorque.

Grunzweig, J.M., Lin, T., Rotenberg, E.M., Schwartz, A., Yakir, D. (2003). Sequestro de carbono em florestas de terras áridas. *Global change biology* 9(5):791-799

Hall, D.O., e Mao, Y.S. (1994). Biomass Energy and Coal in Africa: Biomass in Botswana, Zed books Ltd, Londres.

Hahn, S.K. (1994). Root Crops for Food Security in Sub-Saharan Africa (Culturas de Raízes para a Segurança Alimentar na África Subsariana). Actas do Quinto Simpósio Trienal da Sociedade Internacional de Culturas Radiculares Tropicais. Akoroda. M.O. (ed.). Kampala, Uganda.16-21pp

Hassan, R., Hertzler, G., e Benhin, J.K.A. (2009). Depleção de recursos florestais no Sudão: Opções de intervenção para um controlo ótimo. Política Energética (10) 1016-1049.

Hasen, B. (1998). Mudança dos padrões de dependência e utilização da madeira natural e dos recursos: Percepções, tradições e costumes intergeracionais. Um estudo de caso do distrito de Bushbuckridge, província de Mpumalanga, África do Sul. Tese de mestrado não publicada, Universidade de Copenhaga 41-62pp

Heltberg, R. (2005). Factors Determining Household Fuel Choice in Guatemala: *Environment and Development Economics* 10:337-361.

Heruela, C., e Wickramasinghe, A. (2008). Energy Options for cooking and other Domestic

Necessidades energéticas dos pobres e das mulheres na era dos preços elevados dos combustíveis fósseis. ENERGIA - Documento de discussão da UNESCAP. Acedido em 20 de fevereiro de 2010. 5-6pp

Hyde, W., e Kohlin, G. (2000). Social Forestry Reconsidered. *Silva Fennica* 34 (3):285-314

Agência Internacional da Energia - AIE (2002): World Energy Outlook, AIE França 34/533. www.iea.org/textbase/nppdf/free/2000/weo2002 acedido em 27 de maio de 2009

Israel, D. (2002), 'Fuel choice in Developing Countries: Evidence from Bolivia". *Economic Development and Cultural Change* 50: 865-890.

Kalumian, O.S., e Kisakye, R.(2001). Estudo sobre o Estabelecimento de um Sistema Sustentável de Produção e Licenciamento de Carvão Vegetal nos Distritos de Masindi e Nakosongola. Projeto EPED. Ministério da Água, Terras e Ambiente, Kampala Uganda 7-11pp

Kanabahita, C. (2001). Uganda. Forestry outlook studies in Africa (FOSA). Ministério de Água, Terras e Meio Ambiente 32pp. ftp://ftp.fao.org/docrep/fao/004/ acessado em 11 de setembro de 2008

Karekezi, S., e Ranja, T. (1997). Renewable Energy Technologies in Africa. Zed Books, Londres

Katende. A.B., Birnie, A., e Tengnas, B. (1995). Useful Trees and Shrubs for Uganda (Árvores e arbustos úteis para o Uganda). Unidade Regional de Conservação do Solo (RSCU), Nairobi.

Katcho, K.C. (2006). Biomass and Hydropower Potential and Demand in the Uganda na Região do Rift Albertino do Uganda. Tese de doutoramento não publicada, Departamento de Física da Universidade de Makerere 72- 89pp

Kaul, O.N. (1993), Forest Biomass Burning in India: The Climate Change Agenda: An Indian Perspective, Achanta N Amrita (ed). Tata Energy Research Institute, Nova Deli.

Kigenyi, F (2002). A prática antes da política: Uma análise das mudanças políticas e institucionais

Enabling Community Involvement in Forest Management in Eastern and Southern Africa; IUCN, Forest and Social Perspectives in Conservation, No.10

Kouamil, K., Nuto, I., e Astri, H. (2009). Impacto da Produção de Carvão Vegetal nas Espécies de Plantas Lenhosas na África Ocidental: Um estudo de caso no Togo. *Investigação Científica e Ensaio* 4 (9):881- 893

Kubasu, L.N. (2007). Improved Biomass Stoves Improving Livelihoods Among Displaced Cattle Rustling Population in North Rift Kenya. Apresentação - Conferência "Para além do combustível", Índia. Instituto de Desenvolvimento de Mwafrika (MID) www.fuelnetwork.org/index.php 5-12pp

Lambin, E. F. e Ehrlich, D. (1997). Land-Cover Changes in Sub-Saharan Africa (1982-1991):Application of a Change Index Based on Remotely Sensed Surface Temperature and Vegetation Indices at a Continental Scale. *Remote Sensing of Environment* 61(2):181-200.

Lambin, E.F., Turner, B.L., Geist, H.J., Agbola, S., Angelsen, A., Bruce, J.W., Coomes, O., Dirzo, R., Fischer, G., Folke, C., George, P.S., Homewood, K., Imbernon, J., Leemans, R., Li, X., Moran, E.F., Mortimore, M., Ramakrishnan, P.S., Richards, J.F., Skanes, H., Steffen, W., Stone, G.D., Svedin, U., Veldkamp, T., Vogel, C., e Xu, J. (2001). The causes of land-use and land-cover change - Moving beyond the myths Global Environmental Change. *Human and Policy Dimensions* 11: 261-269.

Lambin, E.F., Geist, H., e Lepers, E. (2003). Dynamics of Land use and Cover change in Tropical Regions. *Revista Anual de Meio Ambiente e Recursos* 28: 205-241

Largo, F.M. (2009). The use of Wood fuel for Cooking among Urban Households in Cebu City (A utilização de lenha para cozinhar em agregados familiares urbanos na cidade de Cebu). Philip. *Scient.* 46:88-106

Leach, G.. e Mearns, R (1988). Para além da crise da madeira combustível: People, Land and Trees in Africa (Pessoas, Terra e Árvores em África). Earthscan Publications Ltd. Londres

Lefevre, T., Todoc, L.J., e Govinda, R.T. (1997). The Role of Wood Energy in Asia. Centre for Energy-Environment Research and Development, Tailândia.

Leiwen, J., e O'Neil, B.C. (2004): The Energy Transition in Rural China. *Int. J. Global Energy Issues,* Vol.21, Nos. 1/2

Luoga, E. J. (2000). The Effect of Human Disturbances on Diversity and Dynamics of Eastern Tanzania Miombo Arborescent Species. Tese de doutoramento Faculdade de Ciências, Universidade de Witwatersrand, Joanesburgo 62-66pp

Madebwe,V., e Madebwe, C. (2005). Uma Análise Exploratória dos Impactos Sociais, Económicos e Ambientais nas Terras Húmidas: O Caso do Distrito de Shurugwi, Província de Midlands, Zimbabué. *Journal of Applied Sciences Research* 1(2):228-233.

Macht, C., Axinn, G.W., e Dirgha, G. (2007). Household Energy Consumption: Community Context and Fuel wood Transition. Centro de Estudos da População, Universidade de Michigan 17-19pp

Mafimisebi, T.E. (2008). Determinants and Uses of Farm Income from the Cassava Enterprise in Ondo State, Nigeria (Determinantes e usos do rendimento agrícola da empresa de mandioca no Estado de Ondo, Nigéria). *J. Hum. Ecol,* 24(2):125-130

Mahiri, I., e Horworth, C (2001). Twenty Years of Resolving the Irresolvable: Approaches to the Fuel wood Problem in Kenya. *Land degradation and Development* (12) 205-215

Maponga, R. (2007). Indigenous Knowledge in Conservation of Forestry and Land Resources in

Musana Communal Areas Bindura (Conhecimento Indígena na Conservação de Recursos Florestais e Terrestres nas Áreas Comunais de Musana, Bindura). *Jornal de Desenvolvimento Sustentável em África*, Vol 9. No.2

Mariangela, B. (2009). Acesso seguro a lenha e energia alternativa no Uganda: An Appraisal Report. Programa Alimentar Mundial 21-22pp.

Masayanyika, S.W. (2000). Determinants of Wood Fuel Demand in Tanzania (Determinantes da procura de lenha na Tanzânia). Faculdade de Economia e Gestão, Universidade de Makerere 40-55pp

Masera, O., Saatkamp, B., e Kammen, D. (2000). "From Linear fuel Switching to multiple cooking strategies: A critique and Alternative to the Energy Ladder". *World Development* 28 (12):2083-2103

Mati, B.M., Mutie, S., Home, P., Mtalo, F., e Gadain, H. (2005) Land use changes in the Trans-boundary Mara Basin: A Threat to Pristine Wildlife Sanctuaries in East Africa. 8º Simpósio Internacional do Rio, Brisbane, Austrália, 6-9 de setembro

Mather, A. C. (1999). Environmental Kuznets Curves and Forest Trends (Curvas de Kuznets ambientais e tendências florestais). *Geography* 84(362):55-65.

Mekonnen, A. (1999). Rural Household fuel Production and Consumption in Ethiopia. A case study. http://siti.feem.it/gnee/pap-abs/mekon.pdf acedido em 3 de março de 2009

Ministério das Finanças, Planeamento e Desenvolvimento Económico (MFPED) (1999). Visão 2025: A strategic Framework for National Development, Vol.1, Ministério das Finanças, Planeamento e Desenvolvimento Económico, Kampala, Uganda 25-62pp.

Ministério das Finanças, Planeamento e Desenvolvimento Económico (MFPED) (2000). Background to the Budget 2000-2001. Ministério das Finanças, do Planeamento e do Desenvolvimento Económico, Kampala Uganda 17pp.

Ministério das Finanças, Planeamento e Desenvolvimento Económico (MFPED) (2005). Antecedentes do Orçamento 2005-2006. Ministério das Finanças, Planeamento e Desenvolvimento Económico, Kampala Uganda 19-21pp.

Ministério das Finanças, Planeamento e Desenvolvimento Económico (MFPED) (2004). Plano de

Ação para a Erradicação da Pobreza (PEAP) 2004/5-2007/8. Ministério das Finanças, Planeamento e Desenvolvimento Económico, Kampala Uganda 36-49pp.

Ministério das Finanças, do Planeamento e do Desenvolvimento Económico (MFPED) (2006). Relatório sobre o estado da população do Uganda. Ministério das Finanças, do Planeamento e do Desenvolvimento Económico. Kampala, Uganda 23-29pp

Ministério dos Recursos Naturais (MNR) (1995). A Study of Woody Biomass Derived Energy Supplies in Uganda (Estudo sobre o fornecimento de energia derivada da biomassa lenhosa no Uganda): Departamento Florestal, Ministério dos Recursos Naturais, Kampala. Uganda 12-35pp

Ministério do Planeamento e do Desenvolvimento Nacional (MPND) (2001). Inquérito Económico 2001: Central Bureau of Statistics, Ministério do Planeamento e do Desenvolvimento Nacional, Nairobi Quénia 23- 42pp

Ministério do Planeamento e Desenvolvimento Nacional (MPND).(2004). Inquérito Económico 2003: Central Bureau of Statistics, Ministério do Planeamento e do Desenvolvimento Nacional, Nairobi Quénia 15- 51pp

Ministério da Energia e do Desenvolvimento Mineral (MEMD) (2002). A Política Energética do Uganda. Kampala, Uganda 30-57pp

Ministério da Energia e do Desenvolvimento Mineral (MEMD) (2005). Relatório anual. Kampala, Uganda 21-41pp

Morton, J. (2007). Consumo de lenha e acumulação de biomassa lenhosa no Mali, África Ocidental. *Investigação e Aplicações Etnobotânicas* 5:037-044

Mubiru, D.N., Agona, A., e Komutunga, E. (2009). Micro-Level Analysis of Seasonal Trends, Farmers Perception of Climate Change and Adaptation Strategies in Eastern Uganda [Análise a nível micro das tendências sazonais, perceção das alterações climáticas pelos agricultores e estratégias de adaptação no Leste do Uganda]. Instituto de Estudos de Desenvolvimento, Reino Unido. http://event.future.agricultures.org/index.php 5- 18pp

Mushemeza, E.D. (2008). Policiamento em Ambiente Pós-Conflito: Implicação para a Reforma da Polícia no UGANDA. *Jornal de Gestão do Sector da Segurança* Vol 6 No.3

Mlambo, D., e Huizing, H. (2004). Respostas dos Agregados Familiares à Escassez de Lenha: A

Case Study of two Villages in Zimbabwe. *Land Degradation and Development* 15:271-281

Nabinta, R.T., Yahaya, M.K., e Olajide, B.R. (2007). Rural Energy Exploitation and Utilization on Sustainable Development in Gomber State, Nigeria (Exploração e Utilização da Energia Rural no Desenvolvimento Sustentável no Estado de Gomber, Nigéria). *Jornal de Ciências Sociais*, 15 (3) 205-211

Nafula, J. (2008). Poupar dinheiro e o ambiente com fogões eficientes. Daily Monitor (M2: Características), 26 de novembro, Kampala Uganda

Autoridade Nacional de Gestão do Ambiente (NEMA) (2001). Relatório sobre o estado do ambiente 2000/2001. Kampala, Uganda 54-67pp

Autoridade Nacional de Gestão do Ambiente (NEMA) (2005). Relatório sobre o estado do ambiente 2004/2005. Kampala, Uganda 77-81pp

Autoridade Nacional de Gestão do Ambiente (NEMA) (2007). Relatório sobre o estado do ambiente 2006/2007. Kampala, Uganda 55-78pp

Nigel, S., Beech, M., Berry, G., Buckland, S., e Richards, K. (2008). Wood Fuelled Boiler at Hill Fields Farm Berkshire, United Kingdom, IEA Bio-energy 8-10pp

Njiti, C.F., e Kemcha, G.M. (2002). Survey of Fuel wood and Service wood Production and Consumption in the Sudano-Sahelian Region of Central Africa. O caso de Garoua, Camarões e dos seus arredores rurais. *Actes du collogue*, (2) 27-31

Nkem J., Perez C., Santoso H., e Idinoba M. (2007). Methodological Framework for Vulnerability Assessment of Climate change Impacts on Forest-based Development sectors. Relatório anual do segundo ano. CIFOR. 15pp

Oguntunde, P.G., Babatunde, J.A., Ayodele, E.A., Nick V.G. (2008). Effects of Charcoal Production on Soil Physical Properties in Ghana (Efeitos da produção de carvão vegetal nas propriedades físicas do solo no Gana). *Jornal de Nutrição de Plantas e Ciência do Solo.* 171 (4): 591-596

Ohajianya, D.O. (2009). Econometric Analysis of the Demand for Fuel wood in Owerri North Local Government Area of Imo State, Nigeria (Análise econométrica da procura de lenha na área governamental local de Owerri Norte do Estado de Imo, Nigéria). *Jornal Indiano de Economia*, 90 (1) 73-79

Okori, A., Emuria, M., e Ojuman, P. (2002). Processo de Avaliação Participativa da Pobreza no Uganda. Relatório do Distrito de Soroti. CDRN, MFPED, Uganda 21-24pp

Olson, J., Misana, S., Camphell, D.J., Mbonile, M e Mugisha, S. (2004). The Spatial Patterns and Root Causes of Land use Change in East Africa, Documento de Trabalho 47 do Projeto LUCID

Opiro, K.L. (1998). Consumo de lenha no distrito de Tororo. Kampala Uganda. www.biotech.kth.se/opiro.doc acedido em 20 de novembro de 2008 3-4pp

Ouedraogo, B. (2006). Household Energy Preferences for Cooking in Urban Ouagadougou, Burkina Faso, *Energy Policy,* Vol. 34 3787-3795

Place, F., e Otsuka, K. (1997). Population pressure, Land tenure, and Tree Resource Management in Uganda. Instituto Internacional de Investigação sobre Políticas Alimentares - IFPRI. Documento de discussão EPTD n° 24. 14-18pp

Proudlock K. (2007). O impacto do isolamento na pobreza no Uganda: A review of selected Uganda District PPA II reports. Overseas Development Institute (Odi), 2pp www.odi.org.uk/resources/download/2674.pdf acedido em novembro de 2008

O Programa para a Conservação de Energia de Biomassa na África Austral-ProBEC, (2004). Situação da energia de biomassa na Tanzânia (2004-2006). http://www.probec.org/goto.php/beinfo/co.TZ/index.htm acedido em 5 de agosto de 2008

Sebbit, A., Bennett, K., e Higenyi, J. (2004). Perspectivas da Procura de Energia Doméstica para o Uganda em 2025. Domestic use of Energy Conference 2004. http://active.cput.ac.za/energy/web/due/papers/2004/20 A Sebbit.pdf acedido em 9 de outubro de 2008.

Raina, P., Joshi, D.C e Kolarkar, A.S. (1993). Mapping of Soil Degradation by Using Remote Sensing on Alluvial Plain, Rajasthan, India. *Arid Soil Research and Rehabilitation* 7 (2), 145-146.

Ramankutty, N., Foley, J.A., e Olejniczak, N.J. (2002). People on the Land: Changes in Population and Global Croplands during the 20th Century. *Ambio,* 31 (3), 251-257.

Rialp, A., e Rialp, J. (2006). International marketing research: Opportunities and challenges in the 21st century, UK Emerald Group Publishing.

Sally, S. (1988). Women and Environment: A Reader Crisis and Development in the Third World. Earthscan Publications Ltd. Londres.

Samer, A. (2008). Competindo pelo Desenvolvimento. A case Study of Fuel Efficient Stoves for Darfur. Universidade de Western Ontario.

Schultz, C., Platonova, I., Doluweera, G., e Dave, I.H. (2008). Why the Developing World is the Perfect Market Place for Solid State Lighting, Universidade de Calgary.

Sean, W., Kramer, J., e Schutt, P. (2007). Pelletização de madeira em Indiana. A Feasibility Analysis. Centro de Energia de Wisconsin , EUA. www.icdc.coop/...2007/Indiana%20Coop%20WoodPellet%20Feas%20Study

Semboja, H.H. H. (2005), A Concept Paper on Promoting Opportunities for Youth Employment in East Africa. A Paper Prepared for the ILO regional Office and presented at the EAC Meeting of Labour Commissioners, Silver Springs Hotel, Nairobi, Kenya, December 2005.

Shittu, A.M., Idowu, A.O., Otunaiya, A.O., e Ismail, A. (2004). Demand for Energy among Households in Ijebu Division, Ogun State, Nigeria. Agrekon, Vol.43, Issue 1. http://Econpapers.repec.Org/RepEc:ags acedido em 27 de outubro de 2008.

Shubham, C.S.P.P. (2003). Fuel-Choice and Indoor air quality: A Household Level Perspective on Economic Growth and the Environment, Departamento de Economia, Universidade de Columbia.

Sikei, G., Mburu, J., e Lagat, J. (2009). Rural Households' Response to Fuel wood Scarcity around Kakamega Forest, Western Kenya. Consórcio de Investigação Africano.

Skog, E.K (1993). Projected Wood Energy Impact on U.S. Forest Wood Resources. Laboratório Nacional de Energias Renováveis, Vol.1 18-32.

Smith, C. (2007). Fuel wood and Family Ties: The Impact of Traditional Cook Stoves on Tanzanian Households. Sunseed Tanzania Trust 7pp.

Smith, K.R. (1992). Biomass Cook stoves in Global Perspectives: Energy, Health and Global Warming, Indoor Air Pollution from Biomass Fuel, Working Papers from a World Health Organization Consultation, WHO/PEP/92 3B, OMS, Genebra.

Relatório ambiental do distrito de Soroti (DSER) (1997). Relatório distrital sobre o estado do ambiente para Soroti. Governo local do distrito de Soroti, Uganda 35-42pp

Relatório Ambiental do Distrito de Soroti (DSER) (2004). Relatório distrital sobre o estado do ambiente para Soroti. Governo local do distrito de Soroti, Uganda 36-53pp

Sudhakara, R.S. (2004). Economic and Social Dimensions of Household Energy use. Um estudo de caso da Índia. Anais do IV Workshop Internacional Bienal "Avanços em Estudos de Energia". Unicamp, Campinas, SP, Brasil. 469-477pp. www.unicamp.br/fea/ortega/energy/Reddy.pdf acessado em 8 de abril de 2009

Tabuti, J.R.S. (2003). Utilização de madeira para combustível no condado de Bulamogi, no Uganda: Species Selection, Harvesting and Consumption Patterns, *Biomass and Bio-energy* Vol 25 No.6, 581-596 (16).

Tabuti, J.R.S., Dhillion, S.S., e Lye KA. (2003). Utilização de madeira para combustível no condado de Bulamogi, no Uganda: Species Selection, Harvesting and Consumption Patterns. *Biomass and Bioenergy,* Vol 25 No.6, 581-596 (16).

Tata Energy Research Institute (TERI), (1996). Rural Energy Sector in India: Tata Energy Research Institute, Nova Deli.

Banco Mundial, (1993). The Quiet Revolutionaries: A Look at the Campaign by Agricultural Scientists to Fight Hunger. Ensaios sobre o Desenvolvimento do Banco Mundial n° 2p

Banco Mundial, (1997). The Niger household energy project: promoting rural fuel wood markets and village management of natural woodlands, World Bank Technical paper No.362, Energy series. Washington D.C.

Banco Mundial e PNUD. (1985). Tropical Forests: A call for action part 1, Report of an International Task Force Convened by the World Resources Institute, The World Bank and the United Nations Development Programme.

Theuri, D. (2003). Rural Energy, Stoves and Indoor Air Quality: The Kenyan Experience.

Grupo de Desenvolvimento Tecnológico Imediato - África Oriental, Nairobi, Quénia. 2pp

Tientenberg, T. (2006). Environment Natural Resource Economics: 7th edition, Pearson Addison Wesley, New York.

Tyrrell, T.J., e Mount, T.D. (1982). "A Nonlinear Expenditure System Using a Linear Logit

Specification." *American Journal of Agricultural Economics*, 64, 539-546.

Gabinete de Estatística do Uganda (UBOS) (2007). O Censo da População e Habitação do Uganda de 2002: Atlas do Censo; Mapeamento de Indicadores Socioeconómicos para o Desenvolvimento Nacional, Gabinete de Estatísticas do Uganda, Kampala Uganda 16-39pp

Gabinete de Estatística do Uganda (UBOS) (2002). O Censo da População e Habitação do Uganda: Resultados provisórios, Gabinete de Estatística do Uganda, Kampala Uganda 32-48pp

Gabinete de Estatística do Uganda (UBOS) (2003). Inquérito Nacional aos Agregados Familiares do Uganda 2002/2003.
Gabinete de Estatística do Uganda, Kampala Uganda 17-37pp

Gabinete de Estatística do Uganda (UBOS) (2007). Inquérito Nacional aos Agregados Familiares do Uganda (UNHS) 2005/2006: Relatório sobre o Módulo Agrícola, Gabinete de Estatística do Uganda, Kampala Uganda 14-56pp

Gabinete de Estatística do Uganda (UBOS) (2008). Resumo estatístico. Gabinete de Estatística do Uganda, Kampala Uganda 1-33pp

Nações Unidas (ONU) (1998). Protocolo de Quioto à Convenção-Quadro das Nações Unidas sobre as Alterações Climáticas. Nações Unidas, Nova Iorque. 2pp

Nações Unidas (ONU) (2005). Relatório sobre os Objectivos de Desenvolvimento do Milénio. Nações Unidas, Nova Iorque 7pp

Van der Plas, R.(1995). Burning Charcoal Issues. Washington DC: Energy Practice Management Office e The World Bank Group.

Van't Veld, K., Narain, U., Gupta, S., Chopra, N., e Singh, S. (2006). 'India's Fuel wood Crisis

Re-examined', Discussion Paper 06-25, Resources for the Future. http://ssrn.com/abstract acedido em 12 de março de 2009.

Weitner, S., e Kramer, J. (2007). Pelletização de madeira em Indiana: Feasibility Analysis. Energy Center of Wisconsin. www.icdc.coop/2007/Indiana acedido em 10 de setembro de 2008
Williams, A., e Shackleton, C. M. (2002). Fuel wood use in Southern Africa: Where to no século XXI? *Jornal Florestal da África Austral.* No. 196

Wiskerke WT. (2008). Rumo a um abastecimento sustentável de energia de biomassa para agregados familiares rurais no semi-árido de Shinyanga, Tanzânia. Uma análise de custo/benefício. Grupo de Ciência, Tecnologia e Sociedade, Universidade de Utrecht 8-21pp

Organização Mundial de Saúde (OMS), (2007). Indoor Air Pollution from Solid fuels and Risk of Low Birth Weight and Still Birth. Relatório de um Simpósio realizado na Conferência Anual da Sociedade Internacional de Epidemiologia Ambiental (ISEE), Joanesburgo, África do Sul. http://whqlibdoc.who.int/publications/2007/9789241505735 eng.pdf

Woomer, P., Musa, N.O., e Savala, C.N. (2007). Greenhouse Gas Emissions by the United Nations Office of Conference Services and Opportunities for Carbon Neutral Operations, For Organic Resource Management and Agricultural Technologies, Nairobi 5-12pp.

Yamamoto, S., Sie, A., e Sauerborn, R. (2009). Cooking Fuels and the Push for Cleaner Alternativas: A case study from Burkina Faso; Global Health Action, Doi: 10. 3402.

Placa 1: **Utilização de lenha**

Placa 1.1: Três pedras de cozedura notam grande parte da chama do fogo no desperdício

Prato 1.2: Carne de porco cozinhada numa frigideira muito aberta, o que provoca perdas de energia

Placa 2: Preparação da lenha

Placa 2.1: Madeira para combustível dividida a ser seca pelo método Air Dry

Placa 2.3: Os troncos da árvore abatida amontoados para serem carbonizados

Placa 2.2: Uma enorme árvore emidit cortada para carbonização de carvão

Placa 2.4: Duas semanas após o abate da árvore, o investigador encontrou carvão já extraído

Placa 3: Comércio de lenha

Placa 3.1: Um vendedor de lenha no mercado central de Serere com lenha na sua bicicleta

Placa 3.2: Um comerciante de madeira para combustível carrega madeira para combustível num carril destinado às cidades de Kumi e Mbale

Placa 4: Espécies de árvores ameaçadas de extinção

Placa 4.1: Tamarindus indica (Epeduru)

Placa 4.2: Combretnum molli (Enyama)

Placa 4.3: Prosopis Africana (Eikik)

Placa 4.4: Butyrospermum Paradoxum (Ekunguru)

Placa 5: Efeitos antropogénicos da utilização do solo na ocupação do solo

Placa5.1: Queimadas expondo o urso terrestre e causando impedimentos na superfície

Placa 5.2: Um terreno fortemente desbravado para cultivo transformado em mato

Placa5.3: Um campo de arroz numa zona húmida

Placa 5.4: Cultivo de painço numa reserva florestal em Jelel (note-se a limpeza do campo)

Quadro 4.1: Percentagem de alteração da utilização/cobertura do solo

Land use/cover Types	1973 (Ha)	1973 (%)	1986 (Ha)	1986 (%)	% Change 1973-1986	2001 (Ha)	2001 (%)	% change 1986-2001
Built up Area	1219.7	6.8	1929.5	10.8	3.98	3745.4	21.0	10.2
Bushland	1095.9	6.2	3361.7	18.9	12.71	1207.0	6.7	-12.0
Grasslands	4660.0	26.1	3110.9	17.5	-8.69	3996.3	22.4	4.9
Impediments	238.5	1.3	1701.5	9.6	8.21	1047.8	5.9	-3.7
Large scale Farming	1776.9	9.9	0	0	-9.97	598.8	3.4	3.5
Small-scale Farming	6804.4	38.2	2668.4	14.9	-23.2	6123.4	34.4	19.4
Wetlands	2023.4	11.4	2540.0	14.3	2.9	1086.8	6.1	-8.2
Woodlands	6.8	0.04	2513.1	14.1	14.06	19.8	0.1	-13.9
Total	17825.3	100	17825.3	100	0	17825.3	100	0

Quadro 4.2: Dinâmica das existências de biomassa (Gigagrama)

Land use/cover type	1973	1986	2001	Total change 1973-86	Total Change 1986-2001
Built up area	N/A	N/A	N/A	N/A	
Bushlands	15	45.4	1.63	207	-97
Grasslands	37	25	32	-33	28
Impediments	N/A	N/A	N/A	N/A	N/A
Large scale farming	6	0	2	-100	
Small-scale farming	75	29.45	68	-69	129
Wetlands	0.93	1.17	0.5	26	-57
Woodlands	0.24	87.95	0.69	36, 733	-99
Total	82	118.6	71	36,598	-27
Total gain/loss		36.2	-47.7		

N/A = Não aplicável

Printed by Books on Demand GmbH, Norderstedt / Germany